机械结构分析与设计实践教程

主　编　韦　林　林　泉
副主编　陆莲仕　刘光浩
主　审　林若森

北京理工大学出版社
BEIJING INSTITUTE OF TECHNOLOGY PRESS

内 容 简 介

本书主要内容包括4部分：第一部分机械结构分析基础实验，包括机构及机械零件认知、平面机构运动简图的绘制、产品的机械结构分析、渐开线圆柱齿轮参数的测定、减速器拆装、机械设计创意及综合设计等实验；第二部分为机械设计实践指导，包括机械设计概述、机械传动装置的总体设计、常用减速器的类型、特点和结构、减速器内外传动件的设计要点、减速器的润滑和密封、减速器装配图和零部件结构设计、设计计算说明书的编写和答辩准备等内容；第三部分为常用设计资料，包括常用设计数据和一般设计标准、金属材料、公差配合、电动机、联轴器和离合器、连接件和紧固件、滚动轴承等；第四部分为减速器典型零件建模及应力分析，包括轴、齿轮的三维建模及轴、齿轮的有限元应力分析。

本书可与"机械结构分析与设计"教材配套使用，也可作为高等职业教育机械类、近机类专业"机械设计基础"课程实践教学环节的教材和设计指导书，还可供从事机械设计和机械结构分析的相关人员参考。

版权专有　侵权必究

图书在版编目（CIP）数据

机械结构分析与设计实践教程 / 韦林，林泉主编
． -- 北京：北京理工大学出版社，2012.4（2024.1 重印）
ISBN 978-7-5640-5761-9

Ⅰ．①机…　Ⅱ．①韦…　②林…　Ⅲ．①机械设计：结构设计-高等学校-教材　Ⅳ．①TH122

中国版本图书馆 CIP 数据核字(2012) 第 063620 号

责任编辑：王玲玲		**文案编辑**：胡　静	
责任校对：周瑞红		**责任印制**：李志强	

出版发行 / 北京理工大学出版社有限责任公司
社　　址 / 北京市丰台区四合庄路 6 号
邮　　编 / 100070
电　　话 /（010）68914026（教材售后服务热线）
　　　　　　（010）68944437（课件资源服务热线）
网　　址 / http://www.bitpress.com.cn

版 印 次 / 2024 年 1 月第 1 版第 8 次印刷
印　　刷 / 北京虎彩文化传播有限公司
开　　本 / 787 mm×1092 mm　1/16
印　　张 / 13.75
字　　数 / 317 千字
定　　价 / 43.00 元

图书出现印装质量问题，请拨打售后服务热线，负责调换

前　言

随着高职教育教学改革的不断深入，办学理念和教学目标的逐渐明晰，目前机械设计基础课程的教学已经从"理论＋实践（课程设计）"的简单叠加模式转变为"情境化"和"任务驱动"模式，在内容上从单一的机构、机械零件的讲授转变为从机械系统出发来认识机构和机械零件，在机械零件设计贯穿力学分析和强度计算理论知识。因此，原来所使用的课程设计指导书已不能很好的指导教师及学生进行课程的学习，必须根据新的教学目标和模式重新编写。

本书共分为4部分：第一部分为机械结构分析实验指导，包括机构及机械零件认知、平面机构运动简图的绘制、产品的机械结构分析、渐开线圆柱齿轮参数的测定、减速器拆装、机械设计创意及综合设计等实验；第二部分为机械设计实践指导，包括机械设计概述、机械传动装置的总体设计、常用减速器的类型、特点和结构、减速器内外传动件的设计要点、减速器的润滑和密封、减速器装配图和零部件结构设计、设计计算说明书的编写和答辩准备等内容；第三部分为常用设计资料，包括常用设计数据和一般设计标准、金属材料、公差配合、电动机、联轴器和离合器、连接件和紧固件、滚动轴承等；第四部分为减速器典型零件建模及应力分析，包括轴、齿轮的三维建模及轴、齿轮的有限元应力分析。

本书可与"机械结构分析与设计"教材配套使用，也可作为机械类、近机类专业"机械设计基础"课程实践教学环节的教材和设计指导书，还可供从事机械设计和机械结构分析的相关人员参考。

参加本书编写工作的有柳州职业技术学院韦林、林泉、陆莲仕、刘光浩、苏磊、邓海英、欧艳华、赵云俊、陈新，由韦林、林泉担任主编，陆莲仕、刘光浩担任副主编。本书由林若森教授审稿。

由于高等职业教育教学改革还将不断地深化进行，加之我们的水平所限，疏漏之处在所难免，教材的完善尚需一个较长的过程，恳请广大读者批评指正。

编　者

目 录

第一部分 机械结构分析实验指导

1 绪论 ·· 3
　1.1 课程实验目的 ·· 3
　1.2 课程实验内容 ·· 3
　1.3 课程实验步骤和要求 ·· 3
2 实验指导 ·· 5
　2.1 机构及机械零件认知 ·· 5
　　2.1.1 实验目的 ··· 5
　　2.1.2 实验方法 ··· 5
　　2.1.3 实验设备 ··· 5
　　2.1.4 实验内容 ··· 5
　　2.1.5 实验步骤 ··· 5
　　2.1.6 实验报告及思考题 ·· 6
　2.2 平面机构运动简图的绘制 ·· 7
　　2.2.1 实验目的 ··· 7
　　2.2.2 实验仪器及设备 ·· 7
　　2.2.3 实验原理 ··· 7
　　2.2.4 实验步骤 ··· 7
　　2.2.5 实验内容和要求 ·· 8
　　2.2.6 实验报告及思考题 ·· 8
　2.3 产品的机械结构分析 ·· 8
　　2.3.1 实验目的 ··· 8
　　2.3.2 任务要求 ··· 9
　　2.3.3 实施步骤 ··· 9
　　2.3.4 选题参考 ··· 9
　　2.3.5 实验报告 ··· 10
　2.4 渐开线圆柱齿轮参数的测定 ·· 10
　　2.4.1 实验目的 ··· 10
　　2.4.2 实验仪器及设备 ·· 11
　　2.4.3 实验原理 ··· 11
　　2.4.4 实验步骤 ··· 12

— 1 —

  2.4.5 实验内容和要求 ……………………………………………………… 13
  2.4.6 实验报告及思考题 ……………………………………………………… 13
2.5 用展成原理加工渐开线齿廓 ……………………………………………………… 14
  2.5.1 实验目的 ……………………………………………………………… 14
  2.5.2 实验仪器及设备 ……………………………………………………… 14
  2.5.3 实验原理 ……………………………………………………………… 14
  2.5.4 实验步骤 ……………………………………………………………… 15
  2.5.5 实验内容和要求 ……………………………………………………… 16
  2.5.6 实验报告及思考题 ……………………………………………………… 16
2.6 减速器拆装 ……………………………………………………………………… 17
  2.6.1 实验目的 ……………………………………………………………… 17
  2.6.2 实验仪器及设备 ……………………………………………………… 17
  2.6.3 实验步骤 ……………………………………………………………… 17
  2.6.4 实验内容和要求 ……………………………………………………… 18
  2.6.5 实验报告及思考题 ……………………………………………………… 18
2.7 车床主轴箱传动系统分析 ……………………………………………………… 19
  2.7.1 实验目的 ……………………………………………………………… 19
  2.7.2 实验仪器及设备 ……………………………………………………… 19
  2.7.3 实验内容和步骤 ……………………………………………………… 19
  2.7.4 注意事项 ……………………………………………………………… 19
  2.7.5 实验报告及思考题 ……………………………………………………… 20
2.8 机械设计创意及综合设计 ……………………………………………………… 20
  2.8.1 实验目的 ……………………………………………………………… 20
  2.8.2 实验仪器及设备 ……………………………………………………… 21
  2.8.3 实验原理 ……………………………………………………………… 21
  2.8.4 实验内容和要求 ……………………………………………………… 22
  2.8.5 实验步骤 ……………………………………………………………… 23
  2.8.6 实验报告及思考题 ……………………………………………………… 23

第二部分 机械设计实践指导

3 机械设计概述 ……………………………………………………………………… 27
3.1 机械设计的目的 ………………………………………………………………… 27
3.2 机械设计的内容 ………………………………………………………………… 28
3.3 机械设计的一般过程 …………………………………………………………… 28

4 机械传动装置的总体设计 ………………………………………………………… 30
4.1 传动方案的确定 ………………………………………………………………… 30
4.2 电动机的选择 …………………………………………………………………… 31
  4.2.1 电动机类型的选择 …………………………………………………… 31
  4.2.2 电动机功率的选择 …………………………………………………… 31

4.2.3 电动机转速的选择	33
4.2.4 电动机型号的选择	33
4.3 传动装置总传动比的计算及其分配	33
4.4 传动装置运动参数和动力参数的计算	35

5 常用减速器的类型、特点和结构 36
  5.1 常用减速器的类型和特点 36
  5.2 常用减速器的结构 39

6 减速器内外传动件的设计要点 44
  6.1 减速器外部传动件的设计要点 44
  6.2 减速器内部传动件的设计要点 45

7 减速器的润滑和密封 46
  7.1 减速器的润滑 46
  7.2 减速器的密封 48

8 减速器装配草图和零部件结构设计 50
  8.1 装配草图设计准备 50
  8.2 初绘装配草图 51
  8.3 轴系结构设计 52
    8.3.1 初选轴径和联轴器 53
    8.3.2 选择滚动轴承 54
    8.3.3 轴的结构设计 54
  8.4 轴系零件的设计计算 57
  8.5 减速器箱体的结构设计 61
  8.6 减速器附件的结构设计 65
  8.7 装配草图的检查与修改完善 71

9 减速器装配工作图设计 72
  9.1 装配图样的设计要求 72
  9.2 装配图的绘制 72
  9.3 装配图的尺寸标注 73
  9.4 标题栏和明细表 74
  9.5 装配图中的技术特性和技术要求 75

10 零件图样设计 77
  10.1 零件图样的设计要求 77
    10.1.1 零件图的设计要求 77
    10.1.2 零件图的设计要点 77
  10.2 轴类零件图样 79
    10.2.1 视图选择 79
    10.2.2 尺寸标注 79
    10.2.3 技术要求 82
    10.2.4 轴类零件工作图示例 82

10.3 齿轮类零件图样 83
    10.3.1 视图选择 83
    10.3.2 尺寸标注 83
    10.3.3 啮合特性表 84
    10.3.4 技术要求 84
    10.3.5 齿轮类零件工作图示例 84
  10.4 箱体类零件图样 85
    10.4.1 视图选择 85
    10.4.2 尺寸标注 85
    10.4.3 技术要求 86
    10.4.4 箱体类零件工作图示例 87

11 设计说明书的编写和答辩准备 90
  11.1 设计说明书的编写 90
    11.1.1 说明书的编写要求 90
    11.1.2 说明书包括的主要内容 91
    11.1.3 说明书书写格式示例 91
  11.2 答辩准备 92
    11.2.1 设计资料整理 92
    11.2.2 答辩准备 92
    11.2.3 答辩复习题 93

第三部分 常用设计资料

12 一般标准 97
13 金属材料 102
14 公差配合与表面粗糙度 112
  14.1 公差与配合 112
  14.2 形状与位置公差 117
  14.3 表面粗糙度 119
15 联轴器和离合器 121
  15.1 联轴器 121
    15.1.1 联轴器轴孔和键槽形式 121
    15.1.2 联轴器 123
  15.2 离合器 128
16 螺纹和螺纹连接 130
  16.1 普通螺纹 130
  16.2 梯形螺纹 133
  16.3 管螺纹 134
  16.4 螺栓 135
  16.5 螺柱 136

- 16.6 螺钉 ··· 137
- 16.7 螺母 ··· 141
- 16.8 垫片、垫圈 ··· 142

17 键连接和销连接 ··· 144
- 17.1 键连接 ··· 144
- 17.2 销连接 ··· 147

18 滚动轴承 ··· 149
- 18.1 常用滚动轴承 ··· 149
- 18.2 滚动轴承的配合 ··· 156

19 电动机 ··· 157
- 19.1 常用电动机的技术参数 ··· 157
- 19.2 常用电动机特点、用途及安装形式 ··· 159

20 润滑与密封 ··· 163
- 20.1 润滑 ··· 163
- 20.2 密封 ··· 168

21 减速器装配图参考图例 ··· 171
- 21.1 一级圆柱齿轮减速器 ··· 171
- 21.2 二级圆柱齿轮减速器 ··· 172
- 21.3 其他形式减速器 ··· 173

第四部分　减速器主要零件建模及应力分析

22 减速器主要零件的参数化建模 ··· 177
- 22.1 减速器低速轴的参数化建模 ··· 177
- 22.2 渐开线直齿轮的参数化建模 ··· 182
  - 22.2.1 UG 环境下渐开线直齿圆柱齿轮的三维造型原理 ··· 182
  - 22.2.2 渐开线直齿圆柱齿轮的三维造型 ··· 183

23 减速器主要零件的应力分析 ··· 188
- 23.1 轴的应力分析 ··· 188
- 23.2 渐开线直齿轮应力分析 ··· 195

附录　机械设计实践选题

1 带式运输机传动装置设计 ··· 200
- 1.1 设计题目 ··· 200
- 1.2 工作条件 ··· 200
- 1.3 原始技术数据 ··· 200
- 1.4 设计任务 ··· 201

2 卷扬机传动装置设计 ··· 202
- 2.1 设计题目 ··· 202
- 2.2 工作条件 ··· 202

>　2.3　原始技术数据 ········· 202
>　2.4　设计任务 ············· 202

3　简易卧式铣床传动装置设计 ········· 203
>　3.1　设计题目 ············· 203
>　3.2　工作条件 ············· 203
>　3.3　原始技术数据 ········· 203
>　3.4　设计任务 ············· 203

4　高架灯提升传动装置设计 ········· 204
>　4.1　设计题目 ············· 204
>　4.2　工作条件及设计要求 ··· 204
>　4.3　原始技术数据 ········· 204
>　4.4　设计任务 ············· 204

5　搅拌机传动装置的设计 ············· 205
>　5.1　设计题目 ············· 205
>　5.2　工作条件 ············· 205
>　5.3　原始技术数据 ········· 205
>　5.4　设计任务 ············· 205

6　简易拉床传动装置的设计 ········· 206
>　6.1　设计题目 ············· 206
>　6.2　工作条件 ············· 206
>　6.3　原始技术数据 ········· 206
>　6.4　设计任务 ············· 206

7　加热炉装料机的设计 ················· 207
>　7.1　设计题目 ············· 207
>　7.2　工作条件 ············· 207
>　7.3　原始技术数据 ········· 207
>　7.4　设计任务 ············· 207

8　爬式加料机传动装置的设计 ······· 208
>　8.1　设计题目 ············· 208
>　8.2　工作条件 ············· 208
>　8.3　原始技术数据 ········· 208
>　8.4　设计任务 ············· 208

参考文献 ······························· 209

第一部分

机械结构分析实验指导

1 绪 论

1.1 课程实验目的

机械结构分析与设计课程是一门实践性、设计性很强的技术基础课，重在培养机类、近机类相关专业学生的机械结构分析与设计能力。实验教学是完成该课程教学重要的实践教学环节。其目的在于验证、巩固和加深课堂讲授的理论，使学生了解简单机械的机构组成和工作原理，掌握工作与性能参数的测量原理和方法，了解常用实验装置和仪器的使用方法、实验测试步骤、数据采集、误差分析及处理方法，并培养学生的实践能力、分析解决问题的能力和创新意识，培养学生实事求是的科学态度和严谨务实的工作作风。

1.2 课程实验内容

机械结构分析与设计实验在精选传统理论验证性实验的基础上，大力开发培养学生创新能力的设计型、综合性实验，突出创新思维能力的培养，并将先进的测试手段引入实验，使学生了解现代测试技术，开阔视野。

实验内容分为3部分。

（1）基础性实验：主要对客观事实和理论进行验证，了解仪器设备的原理和使用方法。

（2）综合性实验：主要将不同的知识点在实验中综合应用，以提高学生综合实验能力。

（3）设计、创新性实验：主要提供实验用的多种模块，学生自行设计实验方案，并完成装配和测试，提高学生工程实践能力和创新意识。

1.3 课程实验步骤和要求

学生是完成各项实验的实施者，在充分理解实验要求和原理的基础上，采用各种测试手段取得各种实验数据，并对数据进行处理和分析。

实验基本步骤为：

（1）预习实验内容，明确实验目的。

（2）复习相关知识，掌握基本原理。
（3）实验方案设计，选择实验设备。
（4）进行实验，获取实验数据。
（5）数据处理，分析实验结果。
（6）进行总结，撰写实验报告。

在实验过程中，不仅要按照实验步骤完成实验，同时还应思考为什么要采用这样的实验装置和实验方法，是否有比这更好的实验方法，实验装置是否可以设计得更合理些等问题，特别是当实验中出现的一些现象或数据与理论有差异时，应大胆地提出自己的观点与指导老师探讨。另外，在实验中要爱护仪器设备，注意实验过程中的人身安全，培养良好的科学实验态度。

实验是学生在课程学习中理论联系实际、培养动手能力和工程实践能力的一个重要的实践环节。因此，要求学生在实验过程中做到：

（1）了解科学实验的意义和作用。
（2）认真做好实验前的准备，如在实验中所需的绘图工具等。
（3）会使用实验常用的量具、工具和仪器设备。
（4）通过实验掌握实验原理、实验方法、数据的采集和处理方法。
（5）积极思考，努力创新，设计更好的实验方案。

2 实验指导

2.1 机构及机械零件认知

2.1.1 实验目的

（1）初步了解机械结构分析与设计课程所研究的各种常用零件的结构、类型、特点及应用实例。

（2）了解各种标准零件的结构形式及相关的国家标准。

（3）了解各种传动的特点及应用。

（4）增强学生对各种机构及机器的感性认识。

2.1.2 实验方法

陈列室展示各种通用零件及常用机构的模型，通过模型的动态展示，理论联系实际，增强学生对机构与机器的感性认识，同时通过展示机械设备、机器模型等，使学生对常用机构的结构、运动及运动特性、特点有一定的了解，增强对学习该课程的兴趣。

2.1.3 实验设备

机构及机械零件教学陈列柜、机器模型、小型机械设备。

2.1.4 实验内容

（1）机器和机构的认识。

（2）通用零件的认知。

（3）机械传动认知。

（4）轴系零部件认知。

（5）润滑及密封件认知。

2.1.5 实验步骤

（1）按照陈列柜所展示机构与机器的顺序，由浅入深、由简单到复杂进行参观认知，指导教师做简要讲解。

（2）在听取指导教师讲解的基础上，分组（每2人1组）仔细观察和讨论各种机构和机器的结构、类型、运动特点以及应用范围，并了解其应用实例。

2.1.6 实验报告及思考题

1. 实验报告

机构与机械零件认知实验报告

姓名：_____ 班级：_____ 学号：_____ 成绩：_____

同组成员姓名：_____ 日期：_____

实验目的	
实验内容	
回答问题	
列举3种以上传动机构的名称及应用实例	
列举3种以上常用的连接件名称	
列举3种以上常用连接方式	
列举3种以上润滑和密封方式	
分析一种机器（或模型）的结构组成	1. 机器（或模型）名称： 2. 机器功能： 3. 机器结构组成：

2. 思考题

（1）机器是由什么组成的？内燃机由哪些机构组成？

（2）平面连杆机构的基本形式有哪些？平面连杆机构中应用最广泛的是什么机构？试举例说明。

（3）凸轮机构有什么用途？试举例说明凸轮机构的应用。

（4）常用的螺纹连接有几种类型？各应用于何种场合？

（5）键的类型有哪几种？普通平键和导向平键各用于何种场合？

2.2 平面机构运动简图的绘制

2.2.1 实验目的

(1) 了解常用平面机构的组成原理。
(2) 初步掌握绘制平面机构运动简图的方法和技能。
(3) 进一步加深理解机构自由度的含义,掌握机构自由度的计算方法及其具有确定运动的条件。
(4) 分析机构运动的确定性。

2.2.2 实验仪器及设备

(1) 各种机器、机构实物或模型。
(2) 测量工具:钢尺、内外卡规等测量工具。
(3) 绘图工具(学生自备):三角板、直尺、圆规、铅笔、橡皮擦、草稿纸(供测绘、画草图用)。

2.2.3 实验原理

由于机构的运动仅与机械中所有的构件数和构件所组成的运动副的数目、种类、相对位置有关。因此,在绘制机构运动简图时可以撇开构件的复杂外形和运动副的具体构造,而用简略的符号来代表构件和运动副,并按一定的比例尺绘出各运动副的相对位置和机构结构,以此表明实际机构的运动特性,从而便于进行机构的运动分析和动力分析。

2.2.4 实验步骤

(1) 构件特征和构件数。通过动力输入构件或转动手柄,使被测机构运动,由主动件开始,循着运动传递路线观察机构中有哪些从动件、哪些固定构件,同时确定构件的数目。
(2) 运动副的类型。根据相连两构件的接触情况和运动特点,判断各运动副的类别,从中确定哪些是高副,哪些是低副,低副中哪些是转动副,哪些是移动副。
(3) 平面机构简图。选择恰当的视图,并在草稿纸上徒手按规定的符号及构件的连接次序逐步画出机构运动简图的草图,用数字 1,2,3…… 分别标出各构件,用字母 A、B、C…… 分别标出各运动副,然后用箭头标出原动件。
(4) 平面机构运动简图。测量机构中与机构运动有关的尺寸,如构件长度、导路位置或角度等,按一定比例尺将草图绘成正式的机构运动简图。其中,比例尺 = $\dfrac{\text{实际尺寸(m)}}{\text{图示尺寸(mm)}}$。
(5) 计算机构的自由度并以此检查所绘机构运动简图是否正确。应当注意,在计算自由度时应除去局部自由度及虚约束。

计算平面机构自由度公式 $F = 3n - 2P_L - P_H$

式中 n——活动构件数目;

P_L——低副数目；

P_H——高副数目。

（6）核验绘制结果与实物或模型是否相符，分析机构运动的确定性。

2.2.5　实验内容和要求

（1）每个同学应测绘 3~4 个机构，并完成机构运动简图的绘制。

（2）计算并验证机构的自由度，并将计算结果与实际机构自由度对比，判断原动件数与机构的自由度数是否相等。

2.2.6　实验报告及思考题

平面机构运动简图的绘制实验报告

姓名：＿＿＿＿＿＿　班级：＿＿＿＿＿＿　学号：＿＿＿＿＿＿　成绩：＿＿＿＿＿＿

同组成员姓名：＿＿＿＿＿＿＿＿＿＿＿＿＿＿＿＿＿＿＿　日期：＿＿＿＿＿＿

1. 实验记录及分析

序号	机构名称	机构简图	分析机构运动的确定性
1			
2			
3			
4			

2. 思考题

（1）机构运动简图有什么用途？一个正确的机构运动简图应包含哪些内容？

（2）机构自由度的计算对测绘机构运动简图有何帮助？

（3）在绘制机构运动简图时，原动件的位置是否可以任意确定？若任意确定是否会影响简图的正确性？

2.3　产品的机械结构分析

2.3.1　实验目的

（1）从学习和生活中发现机械结构问题，提出探究方案，开展调查研究，学会针对实际产品分析机构组成及绘制机构运动简图，验证和巩固课本中关于机构自由度的计算等问题。

（2）通过完成任务，促进学生进行合作学习、发现和解决实际问题的能力，学会在课堂以外自己去进一步获取知识。

（3）初步学会通过多种途径、运用多种手段收集完成工作任务所需要的信息，并学会对信息进行整理和分析。

2.3.2 任务要求

（1）以小组为单位，一组同学选定一个选题，制订工作计划。

（2）对现有产品（结构）进行调研，重点关注产品功能、工作原理、机构特点、材料选择、成本、优缺点及改进设计的方向等。

（3）对照实际机械，绘制该产品（结构）机构运动简图或机构运动示意图、结构图等，并计算机构的自由度。

（4）写出调研报告并汇报成果。在汇报前做好充分准备，应准备好相关电子材料（如PPT、录像及图片等），并且简洁而准确地讲解自己的课题。

2.3.3 实施步骤

（1）布置任务，明确要求。

（2）学生分组，自选题目，做出计划。

（3）进行社会调研，撰写报告。

（4）制作文档，汇报成果。

2.3.4 选题参考

（1）自行车传动机构的分析（含单速车和变速车）。

（2）自行车制动方式的分析（可包含"报闸"）。

（3）一种可拆式（或组装式）展架的结构分析与评价。

（4）可折叠自行车折叠方法的研究和评析。

（5）自行车锁的构造和防盗锁设计方案（以机械式防盗为主，电子式防盗应有机械特色）。

（6）社区或公园中几种健身器材的结构分析与改进方案。

（7）生活中所用的各式各样伞的结构分析。

（8）生活中常见的补鞋机的结构分析。

（9）几种公共汽车门的开闭机构及对比评价。

（10）电动折叠门的结构与工作原理分析。

（11）库房与小店卷帘门的结构与工作原理分析。

（12）一种电动剃须刀的机械结构分析。

（13）一种家用食品切碎机的机械结构分析。

（14）滑板车的机械结构分析。

（15）几种开关（拉线开关、按钮开关、墙壁开关）的机械结构对比评析。

（16）一种可升降晾衣架的机械结构分析。
（17）几种可折叠旅游小车的机械结构与对比评析。
（18）一种可折叠婴儿车的机械结构分析。
（19）钥匙修配加工机的机械结构分析。
（20）儿童游乐场一种"摇马"内部的机械结构分析。
（21）一种带挤干机构的拖把刷洗筒的机械结构分析。
（22）几种安乐椅调位机构分析对比。
（23）几种折叠式家具（桌、椅、躺椅、床柜等）折叠机构分析。
（24）一种电扇摇摆机构的分析。
（25）玩具中的几种步行机构分析。

2.3.5 实验报告

一种产品的机械结构分析实验报告

姓名：_____   班级：_____   学号：_____   成绩：_____
同组成员姓名：_____   日期：_____

（一）实验目的：

（二）实验的收获和体会

（三）分析或设计你所熟悉的一个机械部件（复杂程度相当于双级齿轮减速器中的转轴，可以考察现有的各行业的各种机械、查找专业课程教材、机械专业科技期刊、机械设计工程手册，或从网络上下载）。
（1）画出它的装配结构图或运动简图。
（2）说明机械部件的工作原理或过程。
（3）有哪些连接件、传动件、轴系零部件？分析主要零件的作用和功能。
（4）分析机械部件是如何润滑与密封的。
（5）分析现有机械的优劣并提出改进方案。

2.4 渐开线圆柱齿轮参数的测定

2.4.1 实验目的

（1）掌握用普通量具测定渐开线直齿圆柱齿轮基本参数的方法。
（2）进一步巩固并熟悉齿轮各部分名称和各部分尺寸与基本参数之间的关系及渐开线齿轮的几何性质。

2.4.2 实验仪器及设备

（1）齿轮 1 对（齿数为奇数和偶数各一个）。
（2）游标卡尺 1 把，测量误差不大于 0.05 mm；公法线千分尺（25~50 mm）一把。
（3）计算器、纸、橡皮等。

2.4.3 实验原理

本实验是用游标卡尺来测量，通过计算得出一对直齿圆柱齿轮的基本参数。

渐开线直齿圆柱齿轮的基本参数有：齿数 Z、模数 m、分度圆压力角 α、齿顶高系数 h_a^*、径向间隙系数 C^*、变位系数 x。

一对互相啮合的齿轮的基本参数有：啮合角 α'、中心距 a。

以上各参数的测量原理和方法如下。

1. 测定模数 m 和压力角 α

如图 2-1 所示，当量具在被测齿轮上跨 K 个齿时，其公法线长度应为

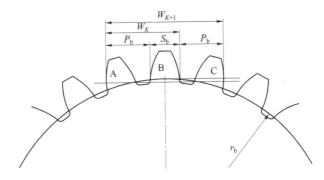

图 2-1 公法线长度测量示意图

$$W_K = (K-1)P_b + S_b$$

若所跨齿数为 $K+1$ 时，则公法线长度为

$$W_{K+1} = KP_b + S_b$$

所以
$$W_{K+1} - W_K = P_b \tag{1}$$

又因为
$$P_b = P\cos\alpha = \pi m\cos\alpha$$

所以
$$m = \frac{P_b}{\pi\cos\alpha} \tag{2}$$

P_b 为齿轮基圆周节，可以从式（1）中求得，由齿轮标准可知分度圆压力角 α，可能是 15°也可能是 20°，所以，应将 15°和 20°分别代入式（2）中，算得两个模数值。再与标准表中的值相比较，取数值接近于标准模数的一组 m 和 α 为被测齿轮的模数和压力角。

为保证量具的卡脚与齿廓的渐开线部分相切，所需的跨齿数可参照表 2-1。

表 2-1 跨齿数

齿数 Z	12~17	18~27	28~36	37~45	46~54	55~63	64~72	73~81
跨齿数 K	2	3	4	5	6	7	8	9

2. 判别变位齿轮测定变位系数

测量公法线长度时,若实际测量值与其公称值(查公法线长度表)相差较小(在其极限偏差范围内),则该齿轮为标准齿轮,否则为变位齿轮。

与标准齿轮相比,变位齿轮的齿厚发生了变化。跨相同齿数时,变位齿轮与相应的标准齿轮相比,二者的公法线长度差 $\Delta W = 2mx\sin\alpha$。与标准齿轮相比,变位齿轮的齿厚发生了变化,故它的公法线长度与标准齿轮的公法线长度不等,两公法线长度之差为 $2mx\sin\alpha$。

设 W'_K 为被测齿轮跨 K 个齿的公法线长度,W_K 为相同模数 m、齿数 Z 和压力角 α 的标准齿轮跨 K 个齿的公法线长度,所以有

$$\Delta W = W'_K - W_K = 2mx\sin\alpha$$

若 ΔW 在 W_K 的极限偏差范围之内,则可判断被测齿轮为标准齿轮,否则为变位齿轮。其变位系数

$$x = \frac{W'_K - W_K}{2m\sin\alpha} \tag{3}$$

式中 W_K 可以从机械零件手册查出(包含极限偏差),将 W_K 的值代入式(3)中即可求出变位系数 x。

3. 测定齿顶高系数 h_a^* 和径向间隙系数 C^*

根据齿根高计算公式

$$h_f = \frac{mZ - d_f}{2} \tag{4}$$

式中 d_f——被测齿轮齿根圆直径,可用卡尺测得,然后求得齿根高。

另一齿根高计算公式

$$h_f = m(h_a^* + C^* - x) \tag{5}$$

式中 h_a^* 和 C^*——未知,因为不同齿制齿轮的 h_a^* 和 C^* 均为标准值,故分别将正常齿制 $h_a^* = 1.0$、$C^* = 0.25$ 和短齿制 $h_a^* = 0.8$、$C^* = 0.3$ 两组标准值代入式(5),取最接近 h_f 值的一组 h_a^* 和 C^* 为所测定值。

4. 测定啮合角 α' 和中心距 a

如果所测定的两个齿轮是一对互相啮合的齿轮,则根据所测得的这对齿轮的变位系数 x_1 和 x_2,按式(6)和式(7)计算出它们的啮合角 α' 和中心距 a。

$$\text{inv}\alpha' = \frac{2(x_1 + x_2)}{Z_1 + Z_2} \cdot \tan\alpha + \text{inv}\alpha \tag{6}$$

$$a = \frac{m}{2}(Z_1 + Z_2)\frac{\cos\alpha}{\cos\alpha'} \tag{7}$$

实验时可用游标卡尺直接测定这对齿轮的实际中心距并与计算结果比较,求出中心距误差 $\Delta a = a - a'$,测定方法如图 2-2 所示。

首先使这对齿轮作无侧隙啮合,然后分别测量齿轮内孔的直径及尺寸 b,由此得:

$$a = b + \frac{1}{2}(d_{K1} + d_{K2}) \tag{8}$$

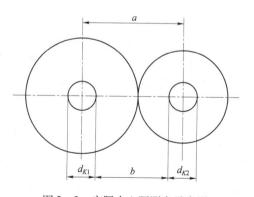

图 2-2 实际中心距测定示意图

2.4.4 实验步骤

(1) 数出齿轮齿数,注意奇数和偶数。

(2) 按表 2-1 查取跨齿数。
(3) 每只齿轮选 3 个位置（约相隔 120°）测出公法线长度 W_K、W_{K+1}、齿根圆直径 d_f，取其平均值作为测量结果。
(4) 按有关公式计算或查表，逐个确定齿轮的基本参数及变位系数。

2.4.5 实验内容和要求

(1) 每人测量一对齿轮，其中一个为奇数齿轮，另一个为偶数齿轮。
(2) 根据实验记录数据及计算表中所列的测量项目进行测量。
(3) 在课堂上完成齿轮参数的测量，计算数据，回答问题，完成实验报告。

2.4.6 实验报告及思考题

渐开线圆柱齿轮参数的测定实验报告

姓名：＿＿＿＿ 班级：＿＿＿＿ 学号：＿＿＿＿ 成绩：＿＿＿＿
同组成员姓名：＿＿＿＿＿＿＿＿＿＿＿＿＿＿＿＿＿＿＿ 日期：＿＿＿＿

1. 实验记录

齿轮编号								
Z								
K								
测量次数	1	2	3	平均值	1	2	3	平均值
W'_K/mm								
W'_{K+1}/mm								
d_f/mm								

2. 计算结果

项目	计算公式	计算结果	
P_b	$P_b = W_{K+1} - W_K$	$P_{b1} =$	$P_{b2} =$
m 和 α	$m = \dfrac{P_b}{\pi\cos\alpha}$	$m_1 =$ $\alpha_1 =$	$m_2 =$ $\alpha_2 =$
W_K	查机械零件设计手册	$W_{K1} =$	$W_{K2} =$
x	$x = \dfrac{W'_K - W_K}{2xm\sin\alpha}$	$x_1 =$	$x_2 =$
h_f	$h'_f = \dfrac{mZ - d_f}{2}$	$h_{f1} =$	$h_{f2} =$
h_a^* 和 C^*	$h_f = m\,(h_a^* + C^* - x)$	$h_{a1}^* =$ $C_1^* =$	$h_{a2}^* =$ $C_2^* =$

3. 思考题

(1) 决定齿廓形状的基本参数有哪些？

(2) 测量公法线长度时,卡尺的卡脚若放在渐开线齿廓的不同位置上,对所测定的公法线长度 W'_K 和 W'_{K+1} 有无影响?为什么?

(3) 在测量齿顶圆直径 d_a 和齿根圆直径 d_f 时,对偶数齿和奇数齿的齿轮在测量方法上有什么不同?

2.5 用展成原理加工渐开线齿廓

2.5.1 实验目的

(1) 掌握展成法加工渐开线齿廓的原理。
(2) 了解齿轮的根切现象及采用变位修正来避免根切的方法。
(3) 分析比较标准齿轮和变位齿轮的异同点。

2.5.2 实验仪器及设备

(1) 齿轮展成仪。
(2) 钢直尺、圆规、剪刀。
(3) 铅笔、三角板、绘图纸。

2.5.3 实验原理

展成法是利用齿轮啮合时其共轭齿廓互为包络线的原理来加工齿轮的一种方法。加工时,其中一轮为刀具,另一轮为轮坯。它们之间保持固定的角速度比传动,好像一对真正的齿轮啮合传动一样,同时刀具还沿轮坯的轴向作切削运动,这样制得的齿轮齿廓就是刀具的刀刃在各个位置的包络线。为了能清楚地看到包络线的形成,我们用展成仪来模拟实现齿轮轮坯与刀具间的传动"切削"过程。齿轮展成仪构造如图 2-3 所示。

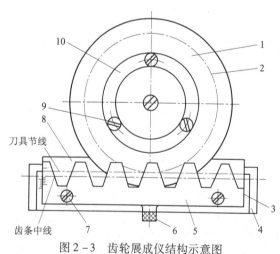

图 2-3 齿轮展成仪结构示意图

1—托盘;2—轮坯分度圆;3—滑架;4—支座;5—齿条(刀具);
6—调节螺旋;7、9—螺钉;8—刀架;10—压环

绘图纸做成圆形轮坯,用压环 10 固定在托盘 1 上,托盘可绕固定轴转动。代表齿条刀具的齿条(刀具)5 通过螺钉 7 固定在刀架 8 上,刀架装在滑架 3 上的径向导槽内,旋转调节螺旋 6,可使刀架带着齿条刀具相对于托盘中心作径向移动。因此,齿条(刀具)5 既可以随滑架 3 作水平左右移动,又可以随刀架一起作径向移动。滑架 3 与托盘 1 之间采用齿轮齿条啮合传动,保证轮坯分度圆与滑架基准刻线作纯滚动,当齿条(刀具)5 的分度线与基准刻线对齐时,能展成标准齿轮齿廓。调节齿条刀具相对齿坯中心的径向位置,可以展

成变位齿轮齿廓。

齿轮展成仪中,已知基本参数为:

(1) 齿条刀具:压力角 $\alpha = 20°$,模数 $m = 2.5$ mm

齿顶高系数 $h_a^* = 1.0$,径向间隙系数 $C^* = 0.25$

(2) 被加工齿轮:分度圆直径 $d = 200$ mm

2.5.4 实验步骤

1. 展成标准齿轮

(1) 根据展成仪的已知基本参数,计算出被加工标准齿轮的齿数、齿顶圆直径、齿根圆直径和基圆直径。

(2) 分别以齿顶圆直径、齿根圆直径、分度圆直径和基圆直径为直径,在一张绘图纸上画出4个同心圆,并沿最大的圆周剪下制成被加工齿轮的"毛坯"。

(3) 把齿轮"毛坯"安装到展成仪的托盘上,注意对准圆心,然后用压环10和螺钉9将纸片夹紧。

(4) 调整刀具,将展成仪上的齿条(刀具)5的中线与滑架3上的标尺刻度零线对准(此时齿条刀具的分度线应与圆形纸片上所画的分度圆相切),刀具处于"切制"标准齿轮位置。

(5) 将滑架3推至左(或右)极限位置,用削尖的铅笔在圆形纸片(代表被加工轮坯)上画下齿条(刀具)5的齿廓在该位置上的投影线(代表齿条刀具插齿加工每次切削所形成的痕迹)。然后将滑架向右(或左)移动一个很小的距离,此时通过啮合传动带动托盘1也相应转过一个小角度,再将齿条刀具的齿廓在该位置上的投影线画在圆形纸片上。连续重复上述工作,绘出齿条刀具的齿廓在各个位置上的投影线,这些投影线的包络线即为被加工齿轮的渐开线齿廓。

(6) 按上述方法,绘出2~3个完整的齿形,如图2-4所示。

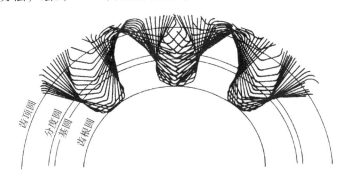

图2-4 标准渐开线齿轮齿廓的展成过程

2. 展成正变位齿轮(非机械类专业学生可选做这一内容)

(1) 根据所用展成仪的参数,计算出不发生根切现象时的最小变位系数 x_{min}。然后确定变位系数 x ($x \geq x_{min}$),计算变位齿轮的齿顶圆直径 d_a 和齿根圆直径 d_f (d_a 和 d_f 由指导教师计算)。

(2) 在另一张图纸上,分别以 d_a、d_f、d_b 和分度圆直径 d 画出4个同心圆,并将图纸

剪成直径为 d_a 的圆形轮坯。

（3）同展成标准齿轮步骤（3）。

（4）将齿条（刀具）向离开齿坯中心 O 的方向移动一段距离 $x\ m$。

（5）同展成标准齿轮步骤（5）。

（6）按上述方法，绘出的齿廓如图 2-5 所示。

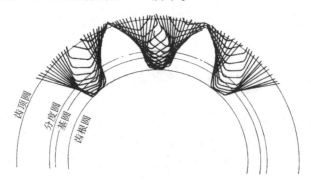

图 2-5　正变位渐开线齿轮齿廓的展成过程

2.5.5　实验内容和要求

在课堂上每人绘制两个齿轮，即标准齿轮和变位齿轮，课后对切制的标准齿轮和变位齿轮有关参数进行分析比较，回答思考题，写出实验报告。

2.5.6　实验报告及思考题

用展成原理加工渐开线齿廓实验报告

姓名：_____　　班级：_____　　学号：_____　　成绩：_____

同组成员姓名：_____　　日期：_____

1. 齿轮几何尺寸计算

（1）齿条型刀具的基本参数：

$m = 2.5$ mm，$\alpha = 20°$，$h_a^* = 1$，$C^* = 0.25$

（2）被加工齿轮的基本参数：

$m = 2.5$ mm，$d = 200$ mm

名称	符号	计算公式	计算结果	
			标准齿轮	变位齿轮
齿数				
变位系数				
基圆直径				
齿顶圆直径				
齿根圆直径				
齿距				

续表

名称	符号	计算公式	计算结果	
			标准齿轮	变位齿轮
基圆齿距				
分度圆齿厚				
基圆齿厚				
齿顶圆齿厚				

2. 思考题

（1）产生根切现象的原因是什么？如何避免？

（2）记录到的标准齿轮齿廓和正变位齿轮齿廓形状是否相同？为什么？

（3）变位后齿轮的哪些尺寸不变？轮齿尺寸将发生什么变化？

2.6 减速器拆装

2.6.1 实验目的

（1）通过对减速器的拆装与观察，了解减速器的整体结构、功能及设计布局。

（2）通过对减速器的结构分析，了解其如何满足功能、强度、刚度、工艺及润滑与密封等多方面要求。

（3）通过对减速器中某轴系部件的拆装与分析，了解轴上零件的定位方式、轴系与箱体的定位方式、轴承及其间隙调整方法、密封装置等，并观察与分析轴的工艺结构。

（4）通过对不同类型减速器的分析比较，加深对机械零部件结构设计的感性认识，为机械零部件设计打下基础。

2.6.2 实验仪器及设备

（1）拆装用一级、二级或三级减速器。

（2）活动扳手、手锤、铜棒、钢直尺、铅丝、轴承拆卸器、游标卡尺。

（3）煤油若干量、油盘若干只、棉纱等。

2.6.3 实验步骤

（1）观察减速器外部结构，判断传动级数、输入轴、输出轴及安装方式。

（2）观察减速器的外形与箱体附件，了解附件的功能、结构特点和位置，测出外廓尺寸、中心距、中心高。

（3）测定轴承的轴向间隙。固定好百分表，用手推动轴至一端，然后再推动轴至另一端，百分表所指示出的量值差即是轴承轴向间隙的大小。

（4）拧下箱盖和箱座连接螺栓，拧下端盖螺钉（嵌入式端盖除外），拔出定位销，借助起盖螺钉打开箱盖。

（5）测定齿轮副的侧隙。将一段铅丝插入齿轮间，转动齿轮碾压铅丝，铅丝变形后的厚度即是齿轮副侧隙的大小，用游标卡尺测量其值。

（6）仔细观察箱体剖分面及内部结构、箱体内轴系零部件间相互位置关系，确定传动方式。数出齿轮齿数并计算传动比，判定斜齿轮或蜗杆的旋向及轴向力、轴承型号及安装方式。绘制机构传动示意图。

（7）取出轴系部件，拆零件并观察分析各零件的作用、结构、周向定位、轴向定位、间隙调整、润滑、密封等问题。把各零件编号并分类放置。

（8）分析轴承内圈与轴的配合以及轴承外圈与机座的配合情况。

（9）在煤油里清洗各零件。

（10）拆、量、观察分析过程结束后，按拆卸的反顺序装配好减速器。

2.6.4　实验内容和要求

（1）按正确程序拆开减速器，分析减速器结构及各零件功用。

（2）测定减速器的主要参数，绘出传动示意图。

（3）取出轴系部件，拆零件并观察各零件的作用、结构、轴向定位、周向定位、间隙调整、润滑及密封等，并绘制轴系结构装配图一张。

（4）测量减速器传动副的齿侧间隙。

（5）回答思考题并完成实验报告

2.6.5　实验报告及思考题

减速器拆装实验报告

姓名：_____　　班级：_____　　学号：_____　　成绩：_____

同组成员姓名：_____　　日期：_____

1. 实验记录

减速器名称					
齿数及旋向	Z_1		中心距	a_1	
	Z_2			a_2	
				a_3	
	Z_3		外廓尺寸	长×宽×高	
	Z_4		地脚螺栓孔距	长×宽	
	Z_5		中心高	H	
	Z_6		轴承代号	润滑方式	
传动比	i_1		Ⅰ轴	齿轮	
	i_1		Ⅱ		
	i_3		Ⅲ轴	轴承	
			Ⅳ轴		

2. 思考题

（1）箱体结合面用什么方法密封？
（2）减速器箱体上有哪些附件？各起什么作用？分别安排在什么位置？
（3）测得的轴承轴向间隙如不符合要求，应如何调整？
（4）轴上安装齿轮的一端总要设计成轴肩（或轴环）结构，为什么此处不用轴套？
（5）扳手空间如何考虑？正确的扳手空间位置如何确定？
（6）列出减速器外观附件名称并说明其作用。
（7）测绘减速器中速轴或高速轴及轴上零件的装配结构草图，并标注配合尺寸。

2.7　车床主轴箱传动系统分析

2.7.1　实验目的

（1）了解 CA6140 普通车床的功用。
（2）掌握主传动和进给系统传动路线。
（3）了解机床主运动及进给运动的操纵机构及其操作方法。
（4）强化传动设计、结构设计和结构工艺性分析的能力。

2.7.2　实验仪器及设备

（1）CA6140 型普通车床。
（2）锤子、铜棒、螺丝刀、活动扳手、呆扳手、钩头扳手、内六角扳手、顶拔器、弹性挡圈安装钳子等拆卸工具。

2.7.3　实验内容和步骤

（1）观察并分析 CA6140 车床整体结构特点。
（2）打开 CA6140 车床主轴箱盖，操纵主变速操纵手柄，观察分析主传动中高、低传动路线、车削螺纹时扩大导程的传动路线以及主变速操纵机构的结构。
（3）拆装多片式摩擦离合器，分析其结构和工作原理，同时在车床上操纵离合器手柄使离合器动作，观察并分析离合器的传动形式，正、反转和空挡位时与制动器动作的关系及离合器的定位和锁紧等。
（4）观察并分析卸荷皮带轮、主轴组件、卡盘的结构。
（5）车床实物与开放式的进给箱、溜板箱教具模型结合，通过演示和实际操作结合的方式，观察分析车削螺纹的传动路线。
（6）分别观察主轴高速正转、低速正转和反转时的传动路线，记录传动时经过的轴、齿轮，并分别计算总传动比。
（7）将机床按原状重新装好。

2.7.4　注意事项

（1）实验前先切断总电源，并挂"不得送电"的警示标志。

（2）拆装机床时注意安全，以免身体受伤。
（3）搬运零件时轻拿轻放，以免零件受损。
（4）观察主轴箱时不要用脚踩导轨等精密部件。

2.7.5 实验报告及思考题

车床主轴箱传动系统分析实验报告

姓名：_____ 班级：_____ 学号：_____ 成绩：_____
同组成员姓名：_____ 日期：_____

1. 主轴箱传动记录

输出转速	主轴转向	经过传动轴	经过传动齿轮	总传动比

2. 思考题

（1）离合器为什么要放在Ⅰ轴上？制动器为什么放在Ⅳ轴上？
（2）欲以手轻快转动主轴，主轴箱中各滑移齿轮及离合器应放在什么位置上？用手转动主轴并带动轴Ⅰ转动时，齿轮及离合器放在什么位置最省力？
（3）制动器、离合器为什么要互锁？
（4）机床上为什么既要设置丝杠，还要设置光杠？
（5）车床正反转运动改变时，是靠哪几个零部件来实现的？
（6）主轴箱里有多少个滑移齿轮？靠它们可以获得多少种正转转速和反转转速？

2.8 机械设计创意及综合设计

2.8.1 实验目的

（1）通过实际机构的应用设计和搭接加深对机构组成原理的认识，进一步了解机构组成及其运动特征。
（2）通过对典型机构的组装，掌握活动连接、固定连接的结构和特点；了解实际机构与机构简图的不同处，避免设计时出现运动的干涉。
（3）培养工程实践动手和现场应变能力。
（4）培养学生创新意识和综合设计的能力。

2.8.2 实验仪器及设备

1. 实验设备

PCC—Ⅱ型平面机构创意组合及参数可视化分析实验台，如图 2-6 所示。它配有传感器和数据采集箱系统，可对一定位置的构件进行运动参数（位移、速度、加速度）的实时测定并通过测试平台显示运动参数的变化曲线。因此，可以用此实验台检验所搭接的装置是否满足设计的运动要求。

图 2-6　PCC—Ⅱ型平面机构创意组合及参数可视化分析实验台

2.8.3 实验原理

本实验根据拟设计机械的工作原理和传动方案，确定各种机械所需要的执行构件的数目、运动形式以及它们之间的运动协调配合等要求；确定各执行构件的运动参数和生产阻力等，并合理选择机构的类型，拟定机构的组合方案，绘制机构运动的示意图。根据执行机构和原动件的运动参数，根据各执行机构的协调配合要求，确定各构件的运动参数和几何参数，并绘制出机构运动简图，然后利用实验设备，进行机构运动创新设计。再利用实验台提供的各类零部件实现较简单机构的搭接，运转调试测试。

1. 杆组的概念

机构均由机架、原动件和自由度为零的从动件系统通过运动副连接而成，将从动件系统拆成若干个不可再分的自由度为零的运动链，称为基本杆组，简称杆组。

根据杆组的定义组成平面机构杆组的条件是

$$F = 3n - 2P_L - P_H = 0$$

其中活动构件数 n、高副数 P_H、低副数 P_L 都必须是整数。由此可以获得各种类型的杆组。$n=1$，$P_L=1$，$P_H=1$ 时即可获得单件高副杆组，常见的有如下几种。

当 $P_H=0$ 时，称之为低副杆，即
$$F = 3n - 2P_L = 0$$

因此满足上式的构件数和运动副数的组合为：$n=2$，4，6……$P_L=3$，6，9……

最简单的杆组为 $n=2$，$P_L=3$，称为Ⅱ级组，由于杆组中转动副和移动副的配置不同，Ⅱ级组共有如图2-7所示几种形式。

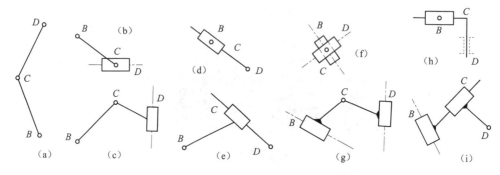

图2-7　Ⅱ级杆组

$n=4$，$P_L=6$ 的杆组形式很多，机构创新模型有如图2-8所示的几种常见的Ⅲ级杆组。

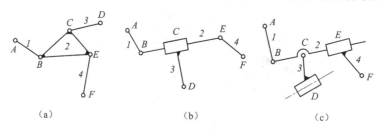

图2-8　Ⅲ级杆组

2. 机构的组成原理

根据如上所述，可将机构的组成原理概述为：任何平面机构均可以用零自由度的杆组依次连接到原动件和机架上去的方法来组成，这是本实验的基本原理。

2.8.4　实验内容和要求

本实验台由不同种类的机械构件（连杆类、轴类、齿轮、棘轮、不完全齿轮、凸轮、皮带轮、链轮、齿条等）组成，在了解实验设备提供的机械构件后，学生可以根据选择或设计的实验类型、方案和内容，根据个人对理论课上所学的各种机构的认识自己动手进行机构搭接、安装调试和测试，进行设计性实验、综合性实验或创新性实验。

1. 实验选题

（1）轻型冲床的冲压执行机构设计。

设计要求：该机构要求实现模具上模的上下冲压运动，要求：

① 向上的回程具有一定的急回特性；

② 行程 S 要求在 40~60 mm；

③ 不要求做强度计算，仅要求能够灵活运动即可。
(2) 牛头刨床的刨削执行机构。
设计要求：该机构要求实现左右刨削运动。
① 向右的回程具有一定的急回特性；
② 行程 S 要求在 80～100 mm；
③ 不要求做强度计算，仅要求能够灵活运动即可。

2. 实验要求

(1) 绘制实际拼装的机构运动方案简图，并在简图中标识实测所得的机构运动尺寸。
(2) 简要说明机构杆组的拆分过程，并画出所拆杆组简图。
(3) 根据所拆分的杆组，按不同的顺序进行排列杆组，可能组合的机构运动方案有哪些？要求用简图表示出来，就运动传递情况作方案比较，并简要说明理由。

2.8.5 实验步骤

(1) 在充分阅读理解所选题目的基础上进行原理的方案设计，绘制出机构的运动简图，计算其自由度。
(2) 观看实验器材，充分了解所有器材及实验工具。
(3) 机构搭接。
① 选择所需零部件，针对搭接方案合理布置机架横梁位置及其上固定套；
② 根据实际情况实施零部件搭接，注意记录和分析搭接过程中出现的问题和解决方法；
③ 手动运转观察实际效果，待指导教师确认安全后接上电机运转并观察效果；
④ 完成现场搭接，将各零部件归位。
(4) 撰写实验报告。

2.8.6 实验报告及思考题

机械设计创意及综合设计实验报告

姓名：_____   班级：_____   学号：_____   成绩：_____
同组成员姓名：_____   日期：_____

(1) 对实验中出现的问题，解决方法进行总结。
(2) 撰写机构设计及实验组装说明书。

第二部分

机械设计实践指导

3 机械设计概述

3.1 机械设计的目的

机械设计的目的是进行创造性的设计或对现有的机械产品进行改进,得到一种能达到预定功能要求、性能好、成本低、价值优的能满足市场需求的机械产品。机械产品应满足的要求如下。

1. 具有预定功能的要求

设计机械产品是为了解决生产、生活中存在的特定问题,故机器应具有预定功能。

例如:某厂建一产品输送带,滚轮的工作转速 $n_2 = 100$ r/min,选定原动机 $n_1 = 1\,450$ r/min。可以看出,原动机与工作机之间需要减速,那么就需要设计一个具有减速功能的机械装置。

2. 具有经济性要求

其含义是要求机械产品具有设计、制造和使用维护的费用少。机械产品的经济性要求是一个综合性指标,不仅从设计到生产的过程当中要考虑经济性,还要考虑设计好的机器在今后的工作过程中具有良好的经济性。

3. 安全性要求

安全是指操作者的人身安全及机器工作时本身的安全。在机器中,必须配备各种防护装置和措施,如防护罩、安全联轴器等。

4. 可靠性要求

在机器设计中,必须十分注意可靠性要求。随着科技发展,机器的可靠性评价由定性发展为定量,可靠性用可靠度 R 来表示。可靠度 R 是指在规定的使用时间内和预定的环境条件下,机器能够正常地完成其功能的概率。也可以表述为:大量的零件在规定的使用寿命内和预定的环境条件下,能连续工作件数占总件数的百分数。

5. 执行标准化要求

设计的机械产品的规格、参数符合国家标准,零部件应最大限度地与同类产品具有互换性。比如选用常用的传动部件、轴承部件等。

6. 产品具有人性化和符合环保要求

在机械设计中,应考虑外观造型具有美感,富有市场竞争力,同时符合环保要求。例如食品机械要考虑采用无污染的材料。

3.2　机械设计的内容

在机械设计过程中,采用不同的设计方法,其设计内容也不同。一般把机械产品设计分为理论设计、经验设计和模型设计3种。

(1) 理论设计就是根据相应的设计原理设计相关的机械产品,使得产品具有所需要的功能,满足人们的需要。

(2) 经验设计就是借鉴以往的同类型的设计资料,进行类比设计,比如采用同样的结构模型、材料等。

(3) 模型设计就是根据工作要求,形成概念,根据概念进行建模,模型可以是真实的模型,也可以建立虚拟样机,在此基础上对模型进行各种功能分析,使之达到各项功能要求。

3.3　机械设计的一般过程

机械设计一般包含下面几个阶段。

1. 计划阶段

(1) 根据市场需求,或受用户委托,或由主管部门下达,提出设计任务。

(2) 进行可行性研究,重大问题应召开有关方面专家参加的论证会。

(3) 提出可行性论证报告。

(4) 编写设计任务书,任务书应尽可能详细具体,应包括主要的功能指标,它是以后设计、评审、验收的依据。

(5) 签订技术经济合同。

2. 方案设计阶段

(1) 根据设计任务书,通过调查研究和必要的分析(还可能需要进行原理性的试验),提出机械的工作原理。

(2) 进行必要的运动学设计(一般是初步的、粗略的),提出几种机械系统运动方案。

(3) 经过分析、对比和评价,作出决策,确定出最佳总体方案。提出方案的原理图和机构运动简图,图中应有必要的最基本的参数。

3. 技术设计阶段

(1) 运动学分析与设计。

(2) 工作能力分析与设计。

(3) 动力学分析与设计。

(4) 结构设计。

(5) 装配图和零件图的绘制。完成机械产品的全套技术资料,包括以下内容。

① 标注齐全的全套完整的图纸，包括外购件明细表。
② 设计计算说明书。
③ 使用维护说明书。

4. 试制试验阶段

通过试制和试验，发现问题，加以改进，一般是回到技术设计阶段，修改某一部分设计结果。

（1）提出试制和试验报告。
（2）提出改进措施，修改部分图纸和设计计算说明书。

5. 投产以后信息收集阶段

（1）收集用户反馈意见，研究使用中发现的问题，进行改进。
（2）收集市场变化的情况。
（3）对原机型提出改进措施，修改部分图纸和相关的说明书。
（4）根据用户反馈意见和市场变化情况，提出设计新型号的建议。

但同类型的设计，其过程也不尽相同，并没有一个通用的、一成不变的程序。对开发性设计，其过程最复杂和完整。适应性设计和参数化设计的过程则视具体情况的要求而定，不一定这样完整。

4 机械传动装置的总体设计

传动装置总体设计的目的是确定传动方案、选择电动机、合理分配传动比,设计传动装置的运动和动力参数,为设计各级传动零件及装配图提供依据。

4.1 传动方案的确定

传动方案一般用机构运动简图表示,它能简单明了地表示运动和动力的传递方式和路线以及各部件的组成和相互连接关系。

满足工作机性能要求的传动方案,可以由不同传动机构类型以不同的组合形式和布置顺序构成。合理的方案首先应满足工作机的性能要求,保证工作可靠,并且结构简单、尺寸紧凑、加工方便、成本低廉、传动效率高和使用维护便利。一种方案要同时满足这些要求往往是困难的,因此要通过分析比较多种方案,选择能满足重点要求的较好传动方案。图4-1所示为带式运输机的4种传动方案示意图。

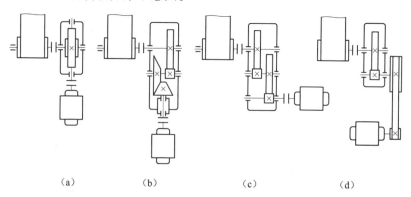

图 4-1 带式运输机的几种传动方案

方案 a:结构紧凑,若在大功率和长期运转条件下使用,则由于蜗杆传动效率低,功率损失大,很不经济。

方案 b:宽度尺寸较小,适于在恶劣环境下长期连续工作。但圆锥齿轮加工比圆柱齿轮困难。

方案 c:与 b 方案比较,宽度尺寸较大,输入轴线与工作机位置是水平布置。宜在恶劣环境下长期工作。

方案 d:宽度和长度尺寸较大,带传动不适应繁重的工作条件和恶劣的环境。但若用于链式或板式运输机,有过载保护作用。

以上 4 种传动方案都可满足带式输送机的功能要求，但其结构性能和经济成本则各不相同，一般应由设计者按具体工作条件，选定较好的方案。

布置传动顺序时，一般应考虑以下几点。

（1）带传动的承载能力较小，传递相同转矩时结构尺寸较其他传动形式大，但传动平稳，能缓冲减振，因此宜布置在高速级（转速较高，传递相同功率时转矩较小）。

（2）链传动运转不均匀，有冲击，不适于高速传动，应布置在低速级。

（3）蜗杆传动可以实现较大的传动比，尺寸紧凑，传动平稳，但效率较低，适用于中、小功率或间歇运转的场合。当与齿轮传动同时使用时，对采用铝铁青铜或铸铁作为蜗轮材料的蜗杆传动，可布置在低速级，使齿面滑动速度较低，以防止产生胶合或严重磨损，并可使减速器结构紧凑；对采用锡青铜为蜗轮材料的蜗杆传动，由于允许齿面有较高的相对滑动速度，可将蜗杆传动布置在高速级，以利于形成润滑油膜，可以提高承载能力和传动效率。

（4）圆锥齿轮加工较困难，特别是大直径、大模数的圆锥齿轮，所以只有在需改变轴的布置方向时采用，并尽量放在高速级和限制传动比，以减小圆锥齿轮的直径和模数。

（5）斜齿轮传动的平稳较直齿轮传动好，常用在高速级或要求传动平稳的场合。

（6）开式齿轮传动的工作环境较差，润滑条件不好，磨损较严重，寿命较短，应布置在低速级。

（7）一般将改变运动形式的机构（如连杆机构、凸轮机构等）布置在传动系统的末端，且常为工作机的执行机构。

4.2 电动机的选择

电动机是标准化、系列化的部件，设计者只需根据工作载荷、工作机的特性和工作环境，选择电动机的类型、结构形式和转速，计算电动机的功率，确定电动机的型号。

4.2.1 电动机类型的选择

电动机类型可根据电源种类、工作条件、载荷特点、启动性能和启动、制动、反转的频繁程度，转速及调速性能要求进行选择。

4.2.2 电动机功率的选择

电动机的功率主要根据电动机运行时发热条件决定，功率选择是否合适，会影响到电动机的工作性能和经济性。当容量小于工作要求，则不能保证工作机正常工作，或使电动机过早损坏；容量过大，则造成很大的浪费。而电动机的发热又与其工作情况有关。一般分以下两种情况。

（1）变载下长期运行的电动机、短时运行的电动机（工作时间短，停歇时间较长）和重复短时运行的电动机（工作时间和停歇时间都不长），电动机的额定功率选择要按等效功率法计算并进行发热验算。

（2）长期连续运转、载荷不变或很少变化的机械，要求所选电动机的额定功率 P_{ed} 稍大于所需电动机输出的功率 P_d，即 $P_{ed} \geq P_d$，则一般不需校验电动机的发热和启动力矩。

① 所需电动机输出的功率 P_d

$$P_d = \frac{P_W}{\eta}(\text{kW})$$

式中　P_W——工作机器的输出功率，kW；
　　　η——由电动机到工作机的总效率。

② 工作机器的输出功率 P_W

若已知工作机器的阻力 F（N）和圆周速度 v（m/s），则

$$P_W = \frac{Fv}{1\,000}\ (\text{kW})$$

若已知作用在工作机器上的转矩 T（N·m）及转速 n_W（r/min），则

$$P_W = \frac{Tn_W}{9\,550}\ (\text{kW})$$

③ 由电动机到工作机器的总效率 η

$$\eta = \eta_1 \cdot \eta_2 \cdot \eta_3 \cdots \eta_n$$

式中　$\eta_1 \cdot \eta_2 \cdot \eta_3 \cdots \eta_n$——各级传动（齿轮、带或链）、一对轴承、每个联轴器的效率。各种机械传动机构及运动副的传动效率见表 4-1。

表 4-1　常见机械传动机构及运动副的效率

类　别	传　动　形　式	效　率
圆柱齿轮传动	很好跑合的 6 级精度和 7 级精度齿轮传动（油润滑） 8 级精度的一般齿轮传动（油润滑） 9 级精度的齿轮传动（油润滑） 加工齿的开式齿轮传动（脂润滑）	0.98~0.995 0.97 0.96 0.94~0.96
圆锥齿轮传动	很好跑合的 6 级和 7 级精度齿轮传动（油润滑） 6 级精度的一般齿轮传动（油润滑） 加工齿的开式齿轮传动（脂润滑）	0.97~0.98 0.94~0.97 0.92~0.95
蜗杆传动	自锁蜗杆 单头蜗杆 双头蜗杆 三头和四头蜗杆	0.40~0.45 0.70~0.75 0.75~0.82 0.82~0.92
带传动	平型带无压紧轮的开式传动 平型带有压紧轮的开式传动 平型带交叉传动 V 带传动	0.98 0.97 0.96 0.96
链传动	套筒滚子链 无声链	0.96 0.98
滑动轴承	润滑不良 润滑正常 液体摩擦	0.94 0.97 0.99

续表

类 别	传 动 形 式	效 率
滚动轴承	球轴承（油润滑）	0.99
	滚子轴承（油润滑）	0.98
联轴器	凸缘联轴器	0.97~0.99
	齿式联轴器	0.99
	弹性联轴器	0.99~0.995
	万向联轴器（$\alpha \leqslant 3°$）	0.97~0.98
	万向联轴器（$\alpha > 3°$）	0.95~0.97
螺旋传动	滑动螺旋	0.30~0.60
	滚动螺旋	0.85~0.95
卷筒		0.96

④ 按 $P_{ed} \geqslant P_d$ 的条件选择电动机的功率。

4.2.3 电动机转速的选择

电动机转速的选择，既要考虑传动装置的传动比，也要考虑经济性。额定功率相同的同一类电动机有多种转速可供选择。确定电动机的转速时，一般应综合分析电动机及传动装置的性能、尺寸、重量和价格等因素。额定功率相同的电动机，转速高则电动机的尺寸小、重量轻、价格便宜；低速电动机则相反。如果采用高速电动机，传动系统的传动比必然增大，使传动系统变得复杂。一般多选用同步转速为 1 500 r/min 或 1 000 r/min 的电动机。

根据工作机的转速要求和各级传动的合理传动比范围，可按下式推算出电动机转速的可选范围，即

$$n_d = (i_1 \cdot i_2 \cdot i_3 \cdots i_n) n_W (\text{r/min})$$

式中，n_d——电动机可选转速范围，r/min；
n_W——工作机轴的转速，r/min；
$i_1 \cdot i_2 \cdot i_3 \cdots i_n$——各级传动的传动比合理范围。

4.2.4 电动机型号的选择

在选择电动机型号时，除应满足功率外，同一额定功率可有多种转速，应综合考虑传动装置和经济性，选定电动机的转速，则电动机的型号随之确定，并记录其型号、性能参数和主要尺寸。

4.3 传动装置总传动比的计算及其分配

由选定的电动机满载转速和工作机转速，可得传动装置总传动比为

$$i = \frac{n_m}{n_W}$$

总传动比为各级传动比的连乘积，即

$$i = i_1 \cdot i_2 \cdot i_3 \cdots i_n$$

合理分配总传动比，可使传动装置得到较小的外廓尺寸或较轻的重量，以实现降低成本和结构紧凑的目的，也可使转动零件获得较低的圆周速度以减小齿轮动载荷和降低动精度要求，还可得到较好的齿轮润滑条件。分配传动比时，一般应遵循如下规则。

（1）各级传动的传动比应在合理的范围内（表4-2），不超出容许的最大值，以符合各种传动形式的工作特点，并使结构紧凑。

表4-2　各级传动类型传动比的推荐用值

传动类型		传动比的推荐用值	传动比的最大值
一级闭式齿轮传动	圆柱齿轮 直齿	3～4	≤10
	圆柱齿轮 斜齿	3～5	
	圆柱齿轮 人字齿	4～6	
	直齿圆锥齿轮	2～3	≤6
一级开式圆柱齿轮传动		4～6	≤15～20
一级蜗杆传动	闭式	7～40	≤80
	开式	15～60	≤100
带传动	开口平行带	2～4	≤6
	有张紧轮的平行带	3～5	≤8
	三角带	2～4	≤7
链传动		2～4	≤7

（2）使各传动件尺寸协调，结构均匀合理。例如，电动机至减速器间有带传动，一般应使带传动的传动比小于齿轮传动的传动比，以免大带轮半径大于减速器中心高，使带轮与底架相碰，如图4-2所示。

（3）尽量使传动装置的总体尺寸紧凑，如图4-3所示。在中心距和总传动比相同时，粗实线所示方案较细实线所示方案具有较小的外廓尺寸。

（4）使各级传动的大齿轮浸油深度合理，如图4-4所示。

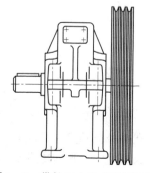

图4-2　带轮过大造成安装不便

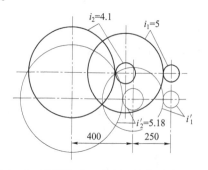

图4-3　不同传动比分配对外廓尺寸的影响

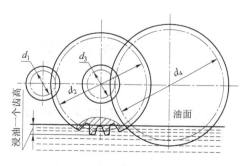

图4-4　箱体中零件浸油深度

4.4 传动装置运动参数和动力参数的计算

传动装置的运动和动力参数,主要是指各轴的转速、功率和转矩,它们是设计计算传动件的依据。一般按电动机至工作机之间的运动传递路线将各轴由高速至低速依次编号,再按顺序推算各轴的运动和动力参数。

1. 各轴的转速

$$n_1 = n_m \quad n_2 = \frac{n_1}{i_1} = \frac{n_m}{i_1} \quad n_3 = \frac{n_2}{i_2} = \frac{n_m}{i_1 \cdot i_2}$$

式中 n_m——电动机满载转速,r/min;

n_1,n_2,n_3——分别为Ⅰ轴,Ⅱ轴,Ⅲ轴的转速,r/min;

i_1,i_2——依次为相邻两轴间的传动比。

2. 各轴的输入功率

$$P_1 = P_d \quad P_2 = P_1 \cdot \eta_{12} = P_d \cdot \eta_{12} \quad P_3 = P_2 \cdot \eta_{23} = P_d \cdot \eta_{12} \cdot \eta_{23}$$

式中 P_d——电动机输出功率,kW;

P_1,P_2,P_3——分别为Ⅰ轴,Ⅱ轴,Ⅲ轴的输入功率,kW;

η_{12}——Ⅰ轴与Ⅱ轴之间的传动效率;

η_{23}——Ⅱ轴与Ⅲ轴之间的传动效率。

注意:传动装置的设计功率通常按实际需要的电动机输出功率 P_d 计算;对于通用机器,可以电动机额定功率 P_{ed} 计算;转速则均按电动机的满载转速 n_m 计算。

3. 各轴的转矩

$$T_1 = 9\,550 \frac{P_1}{n_1} = 9\,550 \frac{P_d}{n_1}$$

$$T_2 = 9\,550 \frac{P_2}{n_2}$$

$$T_3 = 9\,550 \frac{P_3}{n_3}$$

式中 T_1,T_2,T_3——分别为Ⅰ轴,Ⅱ轴,Ⅲ轴的输入转矩,N·m。

为便于下一阶段设计计算传动零件,将最后计算结果列表如表4-3。

表4-3 各轴运动参数和动力参数

参数 \ 轴名	电动机轴	Ⅰ轴	Ⅱ轴	卷筒轴
转速 $n/(\text{r}\cdot\text{min}^{-1})$				
输入功率 P/kW				
输入转矩 $T/\text{N}\cdot\text{m}$				
传动比 i				
效率 η				

5 常用减速器的类型、特点和结构

5.1 常用减速器的类型和特点

减速器是原动机和工作机之间的独立的闭式传动装置，用来降低转速和增大转矩，以满足工作需要，在某些场合也用来增速，称为增速器。

减速器的种类很多，按照传动类型可分为齿轮减速器、蜗杆减速器和行星减速器以及它们互相组合起来的减速器；按照传动的级数可分为单级和多级减速器；按照齿轮形状可分为圆柱齿轮减速器、圆锥齿轮减速器和圆锥—圆柱齿轮减速器；按照传动的布置形式又可分为展开式、分流式和同轴式减速器。常用的减速器形式、特点及应用见表 5-1。

表 5-1 常用减速器的形式、特点及应用

名称		运动简图	推荐传动比	特点及应用
单级圆柱齿轮减速器			$i \leq 8 \sim 10$	齿轮可做成直齿、斜齿和人字齿。直齿用于速度较低（$v \leq 8$ m/s）载荷较轻的传动；斜齿轮用于速度较高的传动，人字齿轮用于载荷较重的传动中，箱体通常用铸铁做成，单件或小批生产有时采用焊接结构。轴承一般采用滚动轴承，重载或特别高速时采用滑动轴承。其他形式的减速器与此类同
两级圆柱齿轮减速器	展开式		$i = i_1 i_2$ $i = 8 \sim 60$	结构简单，但齿轮相对于轴承的位置不对称，因此要求轴有较大的刚度。高速级齿轮布置在远离转矩输入端，这样，轴在转矩作用下产生的扭转变形和轴在弯矩作用下产生的弯曲变形可部分地互相抵消，以减缓沿齿宽载荷分布不均匀的现象。用于载荷比较平稳的场合。高速级一般做成斜齿，低速级可做成直齿
	分流式		$i = i_1 i_2$ $i = 8 \sim 60$	结构复杂，但由于齿轮相对于轴承对称布置，与展开式相比载荷沿齿宽分布均匀，轴承受载较均匀。中间轴危险截面上的转矩只相当于轴所传递转矩的一半。适用于变载荷的场合。高速级一般用斜齿，低速级可用直齿或人字齿

续表

名称		运动简图	推荐传动比	特点及应用
两级圆柱齿轮减速器	同轴式		$i = i_1 i_2$ $i = 8 \sim 60$	减速器横向尺寸较小，两对齿轮浸入油中深度大致相同，但轴向尺寸和重量较大，且中间轴较长、刚度差，使沿齿宽载荷分布不均匀。高速轴的承载能力难于充分利用
	同轴分流式		$i = i_1 i_2$ $i = 8 \sim 60$	每对啮合齿轮仅传递全部载荷的一半，输入轴和输出轴只承受扭矩，中间轴只受全部载荷的一半，故与传递同样功率的其他减速器相比，轴颈尺寸可以缩小
三级圆柱齿轮减速器	展开式		$i = i_1 i_2 i_3$ $i = 40 \sim 400$	同两级展开式
	分流式		$i = i_1 i_2 i_3$ $i = 40 \sim 400$	同两级分流式
单级圆锥齿轮减速器			$i = 8 \sim 10$	齿轮可做成直齿、斜齿或曲线齿。用于两轴垂直相交的传动中，也可用于两轴垂直相错的传动中。由于制造安装复杂、成本高，所以仅在传动布置需要时才采用
两级圆锥—圆柱齿轮减速器			$i = i_1 i_2$ 直齿圆锥齿轮 $i = 8 \sim 22$ 斜齿或曲线齿锥齿轮 $i = 8 \sim 40$	特点同单级圆锥齿轮减速器，圆锥齿轮应在高速级，以使圆锥齿轮尺寸不致太大，否则加工困难
三级圆锥—圆柱齿轮减速器			$i = i_1 i_2 i_3$ $i = 25 \sim 75$	同两级圆锥—圆柱齿轮减速器

续表

名称		运动简图	推荐传动比	特点及应用
单级蜗杆减速器	蜗杆下置式		$i=10\sim80$	蜗杆在蜗轮下方啮合处的冷却和润滑都较好，蜗杆轴承润滑也方便，但当蜗杆圆周速度高时，搅油损失大，一般用于蜗杆圆周速度 $v<10$ m/s 的场合
	蜗杆上置式		$i=10\sim80$	蜗杆在蜗轮上，蜗杆的圆周速度可高些，但蜗杆轴承润滑不太方便
单级蜗杆减速器			$i=10\sim80$	蜗杆在蜗轮侧面，蜗轮轴垂直布置，一般用于水平旋转机构的传动
两级蜗杆减速器			$i=i_1i_2$ $i=43\sim3\,600$	传动比大，结构紧凑，但效率低，为使高速级和低速级传动浸油深度大致相等可取 $a_1\approx a_2/2$
两级齿轮－蜗杆减速器			$i=i_1i_2$ $i=15\sim480$	有齿轮传动在高速级和蜗杆传动在高速级两种形式。前者结构紧凑，而后者传动效率高
行星齿轮减速器	单级 NGW		$i=2.8\sim12.5$	与普通圆柱齿轮减速器相比，其尺寸小，重量轻，但制造精度要求较高，结构较复杂，在要求结构紧凑的动力传动中应用广泛
	两级 NGW		$i=i_1i_2$ $i=14\sim160$	同单级 NGW 型

5.2 常用减速器的结构

减速器的构造因其类型、用途不同而异。但无论何种类型的减速器，其基本构造都是由轴系部件、箱体及附件三大部分组成。图5-1、图5-3、图5-4分别为一级圆柱齿轮减速器、圆锥圆柱齿轮减速器、蜗杆减速器的构造图。图中标出了组成各减速器的主要零、部件名称。一级圆柱齿轮减速器箱体结构尺寸如图5-2所示，相关零件的尺寸关系经验值见表5-2~表5-4，供设计时参考。

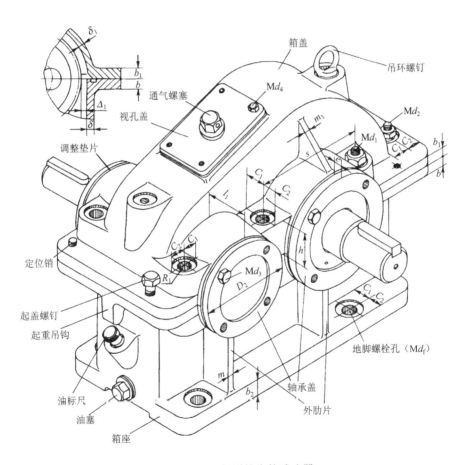

图5-1 一级圆柱齿轮减速器

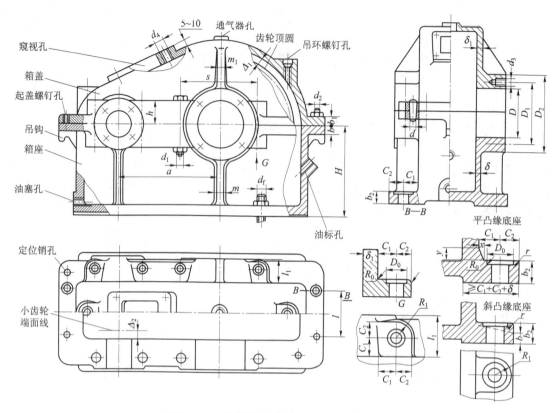

图 5-2　一级圆柱齿轮减速器箱体结构尺寸

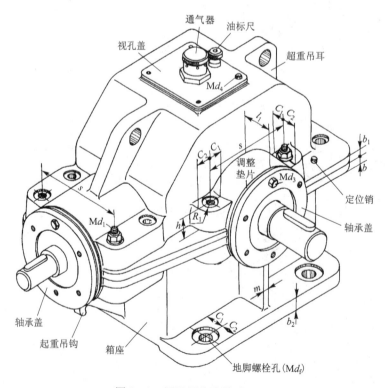

图 5-3　圆锥圆柱齿轮减速器

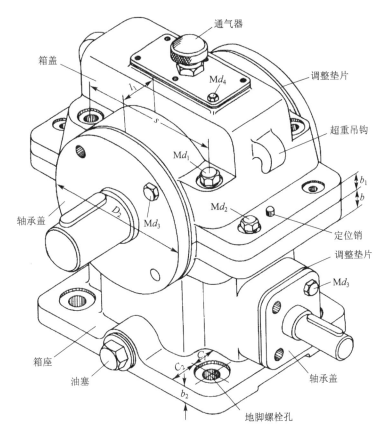

图 5-4 蜗杆减速器

表 5-2 铸造减速器箱体的主要结构尺寸

名　称	符号	减速器形式、尺寸关系/mm		
		齿轮减速器	圆锥齿轮减速器	蜗杆减速器
箱座壁厚	δ	单级 $0.025a+1 \geq 8$ 两级 $0.025a+3 \geq 8$	$0.0125(d_{1m}+d_{2m})+1 \geq 8$ 或 $0.01(d_1+d_2)+1 \geq 8$ d_1、d_2——小、大锥齿轮的大端直径 d_{1m}、d_{2m}——小、大锥齿轮的平均直径	$0.04a+3 \geq 8$
箱盖壁厚	δ_1	单级 $0.02a+1 \geq 8$ 两级 $0.02a+3 \geq 8$	$0.01(d_{1m}+d_{2m})+1 \geq 8$ 或 $0.0085(d_1+d_2)+1 \geq 8$	蜗杆在上： $\approx \delta$ 蜗杆在下： $=0.85\delta \geq 8$
箱盖凸缘厚度	b_1	$1.5\delta_1$		
箱座凸缘厚度	b	1.5δ		
箱座底凸缘厚度	b_2	2.5δ		

续表

名称	符号	减速器形式、尺寸关系/mm		
		齿轮减速器	圆锥齿轮减速器	蜗杆减速器
地脚螺栓直径	d_f	$0.036a+12$	$0.018(d_{1m}+d_{2m})+1 \geqslant 12$ 或 $0.015(d_1+d_2)+1 \geqslant 12$	
轴承旁连接螺栓直径	d_1	$0.75d_f$		
箱盖与箱座连接螺栓直径	d_2	$(0.5 \sim 0.6)d_f$		
连接螺栓 d_2 的间距	l	$150 \sim 200$		
轴承端盖螺钉直径、数目	d_3、z	$(0.4 \sim 0.5)d_f$ 可查表 5-4		
检视孔螺钉直径	d_4	$(0.3 \sim 0.4)d_f$		
定位销直径（数量）	d	$(0.7 \sim 0.8)d_2$（2个）		
d_f、d_1、d_2 至外箱壁距离	C_1	见表 5-3		
d_f、d_2 至凸缘边缘距离	C_2	见表 5-3		
轴承旁凸台半径	R_1	C_2		
凸台高度	h	根据低速级轴承座外径确定，以便于扳手操作为准		
齿轮顶圆（蜗轮外圆）与内箱壁间的距离	Δ_1	$>1.2\delta$		
齿轮（锥齿轮或蜗轮轮毂）端面与内箱壁间的距离	Δ_2	$>\delta$		
箱盖、箱座肋厚	m_1、m	$m_1 \approx 0.85\delta_1$，$m \approx 0.85\delta$		
轴承端盖外径	D_2	$D+(5 \sim 5.5)d_3$，D——轴承外径（嵌入式轴承盖尺寸见表 8-4）		
轴承旁连接螺栓距离	s	尽量靠近，以 Md_1 和 Md_3 互不干涉为准，一般取 $s=D_2$		

注：多级传动时，a 取低速级中心距。对圆锥—圆柱齿轮减速器，按圆柱齿轮传动中心距取值。

表5-3 减速器凸台及凸缘螺栓的配置尺寸

符号	M8	M10	M12	M14	M16	M18	M20	M22	M24	M27	M30
$C_{1\min}$	14	16	18	20	22	24	26	30	34	38	40
$C_{2\min}$	12	14	16	18	20	22	24	26	28	32	35
D_0	18	22	26	30	33	36	40	43	48	53	61
$R_{0\max}$	5				8				10		
$r_{\max}$	3						5		8		

表5-4 轴承端盖固定螺钉直径与数目

轴承座孔的直径 D/mm	螺钉直径 d_3/mm	螺钉数目 z
45~65	8	4
70~80	10	4
85~100	10	6
110~140	12	6
150~230	16	6
230 以上	20	8

6 减速器内外传动件的设计要点

传动装置主要包括传动零件、支承零部件和连接零件，其中决定其工作性能、结构布置和尺寸大小的主要是传动零件，而支承零件和连接零件等都要根据传动零件的需求来设计。因此，一般应在传动方案选择妥当后先设计传动零件。传动零件的设计包括确定传动零件的材料、热处理方法、参数、尺寸和主要结构。减速器是独立、完整的传动部件，为了使设计减速器时的原始条件比较准确，通常应先设计减速器外的传动零件，例如带传动、链传动和开式齿轮传动等，然后计算减速器内的传动零件。

6.1 减速器外部传动件的设计要点

通常，减速器外的传动零件只需确定主要参数和尺寸，如安装尺寸，而不进行详细的结构设计。装配图只画减速器部分，一般不画减速器外传动零件。减速器外常用的传动零件有普通 V 带传动、链传动和开式齿轮传动。

1. 普通 V 带传动

由计算确定带的型号、长度、根数、带轮的直径、传动中心距和对轴的压力等，再根据设计手册确定带轮结构尺寸。

2. 滚子链传动

由计算确定链的型号、链节数和排数，链轮齿数和轮径，传动中心距和轴上压力。若单排链尺寸过大可改用双排或多排链。设计中还应该考虑链的润滑和链轮的布置。

3. 开式齿轮传动

设计开式齿轮传动所需的已知条件主要有：传递功率，转速，传动比，工作条件和尺寸限制等。设计内容包括：选择材料；确定齿轮传动的参数（齿数、模数、螺旋角、变位系数、中心距、齿宽等），齿轮的其他几何尺寸和结构以及计算作用在轴上力的大小和方向等。

开式齿轮只需计算轮齿弯曲强度，考虑到齿面的磨损，应将强度计算求得的模数加大 10% ~20%。

开式齿轮传动一般用于低速传动，为使支承结构简单，常采用直齿。由于润滑及密封条件差，灰尘大，故应注意材料配对的选择，使之具有较好的减摩和耐磨性能。

开式齿轮轴的支承刚度较小，齿宽系数应取小些，以减轻齿轮偏载。

尺寸参数确定后，应检查传动的外廓尺寸，如与其他零件发生干涉或碰撞，则应修改参数重新计算。

6.2 减速器内部传动件的设计要点

在减速器外部传动零件完成设计计算之后,应检查传动比及有关运动和动力参数是否需要调整。若需要,则应进行修改。待修改好后,再设计减速器内部的传动零件。

1. 齿轮传动

设计齿轮传动须确定的内容是:齿轮材料和热处理方式,齿轮的齿数、模数、变位系数、齿宽、分度圆螺旋角、分度圆直径、齿顶圆直径、结构尺寸等;对于圆柱齿轮传动还有中心距;对锥齿轮传动,还有锥距、节锥角和根锥角等。

(1) 齿轮材料及热处理方法的选择要考虑齿轮毛坯的制造方法。当齿轮的齿顶圆直径 $d_a < 400 \sim 500$ mm 时,一般采用锻造毛坯;当 $d_a > 400 \sim 500$ mm 时,因受锻造设备能力的限制,多采用铸造毛坯;当齿轮直径与轴的直径相差不大时,应将齿轮和轴做成一体,选择材料时要兼顾齿轮及轴的一致性要求;同一减速器内各级大小齿轮的材料最好对应相同,以减少材料牌号和简化工艺要求。

(2) 齿轮传动的几何参数和尺寸应分别进行标准化、圆整或计算其精确值。例如模数必须标准化;中心距和齿宽应该圆整;分度圆、齿顶圆和齿根圆直径、螺旋角、变位系数等啮合尺寸必须计算其精确值。要求长度尺寸精确到小数点后 3 位(单位为 mm),角度精确到秒。为便于制造和测量,中心距应尽量圆整成尾数为 0 或 5。对直齿圆柱齿轮传动,可以通过调整模数 m 和齿数 z,或采用变位来达到;对斜齿圆柱齿轮传动,还可以通过调整螺旋角 β 来实现中心距尾数圆整的要求。

(3) 传递动力的齿轮,其模数应大于 $1.5 \sim 2$ mm。

2. 蜗杆传动

(1) 由于蜗杆传动的滑动速度大,摩擦和发热剧烈,因此要求蜗杆蜗轮副材料具有较好的耐磨性和抗胶合能力。一般是在初估滑动速度的基础上选择材料。

(2) 为了便于加工,蜗杆和蜗轮的螺旋线方向应尽量取为右旋。

(3) 模数和蜗杆分度圆直径要符合标准规定。在确定 m、d_1、z_1 后,计算中心距应尽量圆整成尾数为 0 或 5。为此,常需将蜗杆传动做成变位传动,即对蜗轮进行变位,变位系数应在 $1 > x > -1$,如不符合,则应调整 d_1 值或改变蜗轮 $1 \sim 2$ 个齿数。

(4) 蜗杆分度圆圆周速度 $v < 4 \sim 5$ m/s 时,一般将蜗杆下置;$v > 4 \sim 5$ m/s 时,则将其上置。

(5) 连续工作的闭式蜗杆传动因发热大,易产生胶合,应进行热平衡计算,但应在蜗杆减速器装配草图完成后进行。

7 减速器的润滑和密封

7.1 减速器的润滑

减速器的润滑可以减少磨损,提高传动效率。同时,润滑油还有冷却、散热的作用。

1. 齿轮传动的润滑

减速器传动件的润滑形式要根据传动件的不同的圆周速度来选择。当 $v<0.8$ m/s 时,采用润滑脂润滑;当 $0.8<v<12$ m/s 时,采用浸油润滑;当 $v>12$ m/s 时,采用喷油润滑。对于大多数减速器传动件圆周速度 $v\leqslant 12$ m/s,故常采用浸油润滑。

(1) 浸油润滑。浸油润滑是指将齿轮浸入箱体润滑油中,当传动件转动时,润滑油被带到啮合面上,进行润滑,同时还可将啮合面上长期形成的氧化物杂质冲洗掉,随油液进入油池再经放油孔流出。另外,浸油润滑时油池中的油也同时被甩上箱壁,起到散热作用。

如图 7-1 所示,箱体内应有足够的润滑油,以保证润滑及散热的需要。为了避免油搅动时沉渣泛起,齿顶到油池底面的距离应大于 30~50 mm。同时,为保证传动零件充分润滑且避免搅油损失过大,圆柱齿轮合适的浸油深度 h 至少应有一个齿高,且不得小于 10 mm。由此可以确定箱座高度 H。

在传动零件的润滑设计中,还应验算油池中的油量 V 是否大于传递功率所需的油量 V_0。对于单级减速器,每传递 1 kW 的功率需油量为 350~700 cm³。如不满足,可适当增加箱座的高度,保证足够的油池容积。

(2) 喷油润滑。当齿轮圆周速度 $v>12$ m/s 时,传动件带起的润滑油由于离心力作用易被甩掉,不能进入啮合区进行润滑,并使搅动太大油温升高,油易氧化。此时,应采用喷油润滑形式,如图 7-2 所示,即利用液压泵将润滑油通过喷嘴可以不断冷却和过滤,润滑效果好。但喷油润滑需专门的油路、滤油器、冷却等装置,费用较高。

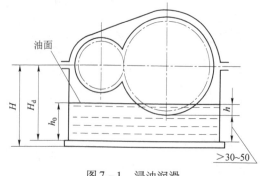

图 7-1 浸油润滑

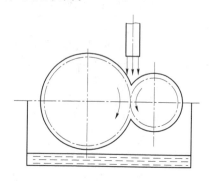

图 7-2 喷油润滑

2. 滚动轴承的润滑

对于齿轮减速器，当浸油齿轮的圆周速度 $v < 2$ m/s 时，滚动轴承宜采用润滑脂润滑；当齿轮的圆周速度 $v \geq 2$ m/s 时，滚动轴承多采用飞溅润滑。

（1）润滑脂润滑。脂润滑易于密封，结构简单，维护方便。适用于减速器中齿轮圆周速度太低润滑油难以飞溅，或难以导入轴承，或难以使轴承浸油润滑时的情况。

采用油脂润滑时，只需在装配时，将润滑脂填入轴承室中，以后每隔一定时期（通常每年 1~2 次）补充一次。

对于低速及中速轴承填入轴承室的润滑脂的量不应超过轴承室空间的 2/3；对于高速轴承（$n = 1\,500 \sim 3\,000$ r/min）填入轴承室的润滑脂的量不应超过轴承室空间的 1/3。

添加润滑脂时，可拆去轴承盖直接添加，也可采用旋盖式油杯，如图 7-3 所示。

（2）飞溅润滑。减速器内只要有一个浸油齿轮的圆周速度 $v > 2 \sim 3$ m/s，即可利用浸油齿轮旋转使润滑油飞溅润滑轴承。飞溅的油一部分直接溅入轴承，另一部分先溅到箱壁上，然后再顺着箱盖的内壁流入箱座的油沟中，沿油沟经轴承端盖上的缺口进入轴承，如图 7-4 所示。因此，一般情况下要在箱体剖分面上制出油沟。

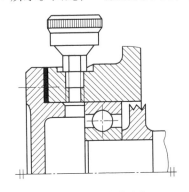

图 7-3 旋盖式油杯

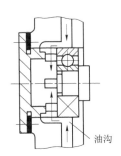

图 7-4 飞溅的润滑油经轴承盖导入轴承

当传动件的圆周速度 $v > 3$ m/s 时，可不设油沟，飞溅的油形成油雾，可以直接润滑轴承。

（3）刮板润滑。当下置蜗杆的圆周速度 $v > 2$ m/s，但蜗杆位置低，飞溅的油难以到达蜗轮轴承，此时轴承可采用刮板润滑，如图 7-5 所示。

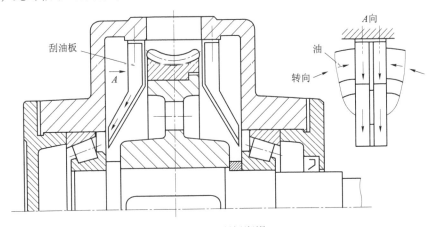

图 7-5 刮板润滑

3. 对润滑剂的要求

润滑剂有减少摩擦、降低磨损和散热冷却的作用，还可以减振、防锈及冲洗杂质。

对于重载、高速、频繁启动的情况，应采用黏度高、油性和极压性好的润滑油。对于轻载、间歇工作的传动件可取黏度较低的润滑油。

一般齿轮减速器常用40号、50号、70号等机械油润滑。对中、重型齿轮减速器，可用汽缸油、28号轧钢机油、齿轮油（HL_20、HL_30）及工业齿轮油、极压齿轮油等润滑。

换油时间取决于油中杂质多少及氧化与被污染的程度，一般为半年左右。

7.2　减速器的密封

1. 轴伸出端的密封

轴伸出端密封的目的是使滚动轴承与箱外隔绝，防止箱内润滑油或轴承室内的润滑脂漏出和箱外杂质、水分等进入轴承室，其常见形式如下。

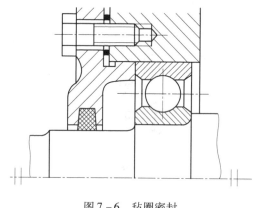

图7-6　毡圈密封

（1）毡圈密封。如图7-6所示，适用于接触处轴的圆周速度小于4~5 m/s，温度低于90 ℃的脂润滑。该种密封结构简单，尺寸紧凑，价格便宜，安装方便。但对轴颈接触面处的摩擦严重，毡圈使用寿命较短。毡圈和槽的尺寸见相关手册。

（2）唇式密封。如图7-7所示，密封圈由耐油橡胶或皮革制成。安装时注意密封唇的朝向。密封唇向里主要是防止轴承中润滑剂外泄［图7-7（a）］，密封唇向外主要是防止杂质进入轴承［图7-7（b）］，若兼需防尘和防漏油时，可用两个密封圈［图7-7（c）］。唇式密封效果比毡圈密封好，使用方便，密封可靠，适用于接触处轴的圆周速度$v \leqslant 7$ m/s，温度低于100 ℃的脂或油润滑。

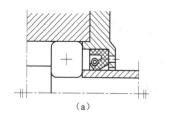
(a)

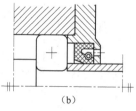
(b)

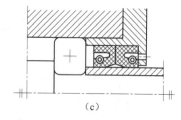
(c)

图7-7　唇式密封的安装方向
(a) 密封唇向里；(b) 密封唇向外；(c) 双密封唇

（3）缝隙密封。如图7-8所示，在轴和轴承盖间留有0.1~0.3 mm的间隙或沟槽，常用于润滑脂。缝隙或油沟内填充的润滑脂既可以防止润滑脂外泄，又可以防尘。此密封方式结构简单，适用于转速 $v \leqslant 5$ m/s 的场合。

（4）迷宫式密封。如图 7-9 所示，这种密封为静止件与转动件之间有几道弯曲的缝隙密封，隙缝宽度为 0.2~0.5 mm，缝中填满润滑脂。这种密封方式的密封效果较好，但结构复杂，制造、安装不便，适用于高速场合。

2. 轴承室内侧的密封

（1）封油环。封油环用于脂润滑轴承，可把轴承室与箱体内部隔开，防止轴承内油脂流入箱内或箱内润滑油溅入轴承室使油脂稀释流失。

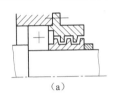
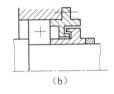
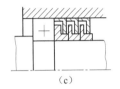

图 7-8 缝隙密封
(a) 缝隙式密封；(b) 沟槽式密封

图 7-9 迷宫式密封
(a) 轴向迷宫；(b) 径向迷宫；(c) 组合迷宫

常见的封油环装置如图 7-10 所示。

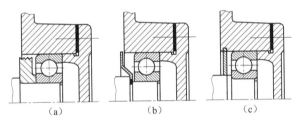

图 7-10 封油环装置

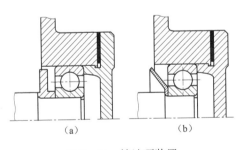

（2）挡油环。挡油环用于油润滑轴承，不让过多的润滑油、杂质进入轴承室。挡油环与轴承座孔之间应留有一定的间隙，以便一定量的油进入轴承室润滑轴承。

常见的挡油环装置如图 7-11 所示。

3. 箱盖与箱座接合面的密封

箱盖与箱座接合面的密封是在接合面上涂密封胶（601 密封胶、7302 密封胶及液体尼龙密封胶等）或水玻璃。

图 7-11 挡油环装置

为了加强密封效果，可在接触面上开回油沟，让渗入接合面缝隙的油通过回油沟流回箱内油池。

一般禁止在接合面上加垫片进行密封，因为这样会影响轴承与座孔的配合，但可在接合面上开槽，在槽内嵌耐油橡胶条进行密封。

对于减速器凸缘式轴承盖的凸缘、窥视孔盖板以及油塞等与箱座、箱盖的配合处均需装封油环，以保证良好的密封。

8 减速器装配草图和零部件结构设计

8.1 装配草图设计准备

开始绘制减速器装配工作图前,应做好必要的准备工作。

1. 确定结构设计方案

通过阅读有关资料,看实物、模型、录像或减速器拆装实验等,了解各零件的功能、类型和结构,做到对设计内容心中有数。分析并初步确定减速器的结构设计方案,其中包括箱体结构(剖分式或整体式)、轴及轴上零件的固定方式、轴的结构、轴承的类型、润滑及密封方案、轴承盖的结构(凸缘式或嵌入式),以及传动零件的结构等。

2. 准备原始数据

根据已进行的计算,取得下列数据。

(1) 电动机的型号、电动机轴直径、轴伸长度、中心高。

(2) 各传动零件主要尺寸参数,如齿轮分度圆直径、齿顶圆直径、齿宽、中心距、圆锥齿轮锥距、带轮或链轮的几何尺寸等。

(3) 联轴器型号、毂孔直径和长度尺寸、装拆要求。

(4) 初选轴承的类型及轴的支承形式(双固式或固游式)。

(5) 键的类型和尺寸系列。

3. 选择图纸幅面、视图、图样比例及布置各视图的位置

装配工作图应用 A0 或 A1 号图纸绘制,一般选主视图、俯视图、左视图并加必要的局部视图。为加强真实感,尽量采用1:1 或 1:2 的比例尺绘图。布图之前,估算出减速器的轮廓尺寸(参考表 8-1),并留出标题栏、明细表、零件编号、技术特性表及技术要求的位置,合理布置图面。

表 8-1 视图大小估算表和视图布置

	A	B	C
一级圆柱齿轮减速器	$3a$	$2a$	$2a$
二级圆柱齿轮减速器	$4a$	$2a$	$2a$
圆锥—圆柱齿轮减速器	$4a$	$2a$	$2a$
一级蜗杆减速器	$2a$	$3a$	$2a$

注:a 为传动中心距。对于二级传动,a 为低速级的中心距。

续表

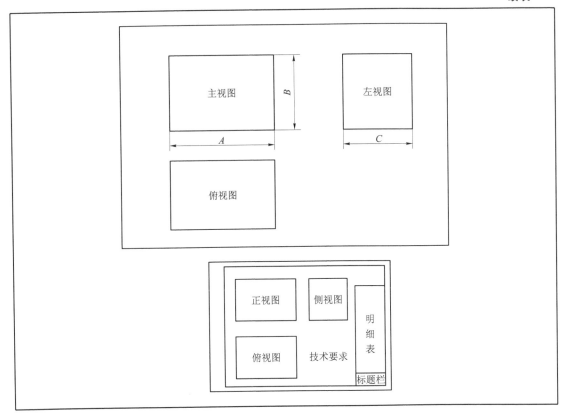

8.2 初绘装配草图

绘图时要依照先画主要零件，后画次要零件；先画箱体内零件，逐步向外画；先画零件的轮廓中心线，后补充内部结构细节的顺序进行绘图。绘图时一般以俯视图为主，兼顾其他视图。

由于首先绘制的是装配草图，要经过不断反复修改后才可完成，这就要求在绘制草图时着笔要轻，线条要细，零件的倒角、倒圆、剖面线等不必画出，还必须注意零件尺寸大小应严格遵守选定的比例尺，才可得到准确的零件结构形状、尺寸数据、零件间的相互位置。

下面以一级圆柱齿轮减速器为例说明草图的绘制步骤。

1. 绘制各传动零件的中心线、轮廓线

先从主视图和俯视图着手，线条由内及外画出齿轮中心线、齿顶圆、节圆及齿轮宽度的对称线和齿轮宽度线等轮廓线。小齿轮的齿宽 b_1 应比大齿轮的齿宽 b_2 宽 5~10 mm，以避免安装误差而影响齿轮的接触宽度。

2. 绘制箱体内壁线

为了避免铸造箱体的误差造成间隙过小，甚至齿轮与箱体内壁相碰，须在大齿轮顶圆与箱体内壁间留有间距 Δ_1，在齿轮端面与箱体内壁间留有间距 Δ_2。Δ_1 和 Δ_2 的值见表 5-2。小齿轮顶圆与箱体内壁之间的距离要由箱体结构来决定，暂不需画出。

轴承内侧至箱体内壁之间的距离 Δ_3 的大小根据轴承润滑方式的不同而取值不同。如果轴承用箱体内润滑油润滑，Δ_3 取值见图 8-1（a）；如果轴承用润滑脂润滑，Δ_3 取值见图 8-1（b）。

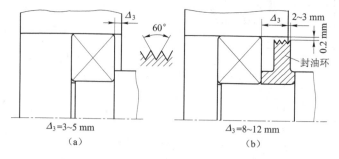

图 8-1 轴承内侧与箱体内壁之间的距离

3. 绘制轴承座端面的位置

如图 8-2，为了方便机械加工，各轴承座的外端应在同一平面内，则箱体内壁至轴承座端面距离 $L=\delta+C_1+C_2+(8\sim12)\text{mm}$，其中，$\delta$——箱体壁厚，$C_1$、$C_2$——扳手空间的最小尺寸（其值见表 5-3），$(8\sim12)\text{mm}$ 为轴承内侧至箱体内壁之间的距离 Δ_3。

图 8-3 为这一阶段所绘制的一级圆柱齿轮减速器装配草图（一）。

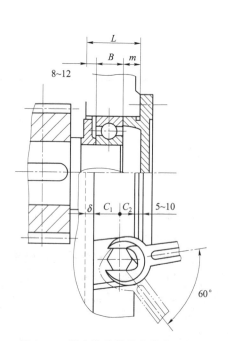

图 8-2 轴在箱体轴承座孔中的长度

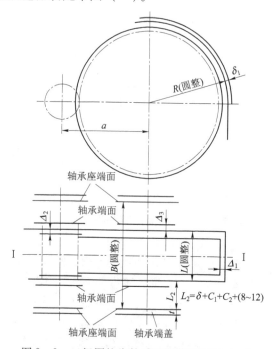

图 8-3 一级圆柱齿轮减速器装配草图（一）

8.3 轴系结构设计

轴的结构设计是在初步估算轴径的基础上进行的。为满足轴上零件的装拆、定位、固定要求和便于轴的加工，通常将轴设计成阶梯轴。

开始设计轴时，通常还不知道轴上零件的位置及支承点位置，无法确定轴的受力情况，只有当轴的结构设计基本完成后，才能对轴进行受力分析及强度校核计算。因此，在轴的结构设计之前先按纯扭转受力情况对轴径进行估算。

8.3.1 初选轴径和联轴器

1. 初步估算轴径

当轴的材料选定后，则许用应力 $[\tau]$ 已确定，可按下式估算轴的最小直径。

$$d \geqslant \sqrt[3]{\frac{9.55 \times 10^6}{0.2[\tau]} \frac{P}{n}} = C\sqrt[3]{\frac{P}{n}}$$

式中　P——轴传递的功率，kW；

　　　n——轴的转速，r/min；

　　　C——由轴的许用应力确定的系数，其值的大小参见相关教材或设计手册。

如果在该处有键槽，则应考虑键槽对轴的强度的削弱。一般截面上若有一个键槽，d 值应增大 5%；有两个键槽，d 值应增大 10%，最后需将轴径圆整为标准值。

若外伸轴用联轴器与电动机轴相连，则应综合考虑电动机轴径及联轴器孔径尺寸，适当调整初算的轴径尺寸。

2. 选择联轴器

选择联轴器应包括选择联轴器的类型和型号。

（1）选择联轴器的类型。联轴器的类型较多，常用的多已标准化或规格化了，一般要参阅相关手册按工作条件和工作要求进行合理选用。常用类型有以下几种。

① 弹性联轴器：可用于连接电动机和减速器的高速轴。具有较小的转动惯量和良好的减振缓和冲击的性能。如：弹性套柱销联轴器和弹性柱销联轴器。

② 刚性联轴器：可用于连接减速器低速轴和工作机输入轴，具有转速较低、传递转矩较大的特点。如两轴能保证安装同心度（有公共底座），采用刚性固定式联轴器，例如凸缘联轴器。如两轴不能保证安装同心度，采用刚性可移式联轴器，例如齿轮联轴器、刚性滑块联轴器。

（2）选择联轴器的型号。

① 计算公称转矩。类型确定后，再根据联轴器所需传递的计算转矩 T_c、转速 n 和被连接件的直径确定其结构尺寸。选择型号时应同时满足下列两式：

$$T_c \leqslant T_n; n \leqslant [n]$$

T_n 和 $[n]$ 分别为联轴器的公称转矩（N·m）和许用转速（r/min），可以从设计手册中查取。计算转矩 T_c 按下式计算：

$$T_c = K_A \cdot T$$

式中　T——名义转矩；

　　　K_A——工作情况系数，是考虑原动机的性质及工作机的工作情况，以防止在启动时出现动载荷和工作中的过载而引入的系数，其值参见表 8-2。

表 8-2 工作情况系数

原动机	工作机	K_A
电动机	带式运输机，鼓风机，连续运动的金属切削机床	1.25~1.5
	链式运输机，括板运输机，螺旋运输机，离心泵，木工机械	1.5~2.0
	往复运动的金属切削机床	1.5~2.5
	往复泵，往复式压缩机，球磨机，破碎机，冲剪机	2.0~3.0
	起重机，升降机，轧钢机	3.0~4.0
蜗轮机	发电机，离心泵，鼓风机	1.2~1.5
往复式发动机	发电机	1.5~2.0
	离心泵	4~4
	往复式工作机，如空压机、泵	4~5

注：1. 固定式、刚性可移式联轴器选用较大 K_A 值；弹性联轴器选用较小 K_A 值。
2. 牙嵌式离合器 $K_A = 2~3$；摩擦式离合器 $K_A = 1.2~1.5$；安全离合器取 $K_A = 1.25$。
3. 从动件的转动惯量小，载荷平稳，K_A 取较小值。

② 选择型号。根据计算出来的公称转矩 T_c，查联轴器手册就可以确定联轴器的型号。

所选定的联轴器，其轴孔直径的范围应与被连接两轴的直径相适应。应注意减速器高速轴外伸段轴径与电动机的轴径不应相差很大，否则难以选择合适的联轴器。电动机选定后，其轴径是一定的，应注意调整减速器高速轴外伸端的直径。

在进行轴的结构设计中，需要确定出安装轴承处的轴颈的直径和长度，所以在此说明滚动轴承型号的选择。

8.3.2 选择滚动轴承

滚动轴承的类型应根据所受载荷的大小、性质、方向，轴的转速及其工作要求进行选择。若只承受径向载荷或主要是径向载荷而轴向载荷较小，轴的转速较高，则选择深沟球轴承。若轴承承受径向力和较大的轴向力或需要调整传动零件（如锥齿轮、蜗杆蜗轮等）的轴向位置，则应选择角接触球轴承或圆锥滚子轴承。由于圆锥滚子轴承装拆调整方便，价格较低，故应用最多。

根据初算轴径，考虑轴上零件的轴向定位和固定，确定出安装轴承处的轴径，再假设选用轻系列或中系列轴承，这样可初步定出滚动轴承型号。至于选择得是否合适，则有待于在减速器装配草图设计中进行轴承寿命验算后再行确定。

8.3.3 轴的结构设计

轴的结构主要取决的因素较多，比如：轴在机器中的安装位置及形式，轴上安装零件的类型、尺寸、数量，载荷的性质、大小、方向及分布情况，轴的加工工艺等。同时，其结构形式又要随具体情况的不同而异，所以轴没有标准的结构形式。下面以如图 8-4 所示的圆柱齿轮减速器中某输出轴为例，说明轴的结构设计方法。

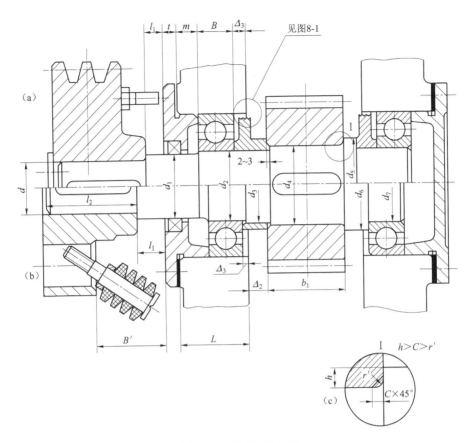

图 8-4 轴的结构设计

其具体的确定方法如下。

1. 确定各段轴的直径

图 8-4（a）（b）是两种不同的轴的结构设计方案。其中，d 为前面初步计算出来的轴径值。

相邻轴段的直径不同即形成轴肩。当轴肩用于轴上零件定位和承受轴向力时，应具有一定的高度，一般的定位轴肩高度 h 可取 $(0.07 \sim 0.1)d$；当轴肩为了轴上零件装拆方便或区分加工表面时，非定位轴肩的高度 h 可取 $(1 \sim 2)$ mm。

$d_1 = d + 2 \times (0.07 \sim 0.1)d$，此处轴肩用于联轴器或带轮的定位，且此轴段装有密封元件，轴径应与密封元件内孔径尺寸一致（d_1 可由密封元件手册查到）。

$d_2 = d_1 + 2 \times (1 \sim 2)$ mm，此轴段装有滚动轴承，轴径应取轴承内径的标准值（d_2 可由轴承手册查到）。

$d_3 = d_2 + 2 \times (1 \sim 2)$ mm，此处用于区分加工表面，没有严格规定。

$d_4 = d_3 + 2 \times (1 \sim 2)$ mm，此处为非定位轴肩，没有严格规定。

$d_5 = d_4 + 2 \times (0.07 \sim 0.1)d_4$，此处轴肩用于齿轮的定位。

d_6，用于滚动轴承内圈定位，轴径应按轴承的安装尺寸要求取值（d_6 可由轴承手册查到）。

$d_7 = d_2$，同一根轴上的滚动轴承尽量选择同一型号，便于轴承座孔的加工。

在确定轴的各段结构尺寸时,应注意以下几点。

(1) 为保证零件定位可靠,应使过渡圆角半径 r' 小于轴孔倒角 C 和轴肩高度 h [图 8-4 (c)]。

(2) 如果加工工艺要求精加工、磨削或加工螺纹时,可在轴径变化处开设砂轮越程槽或螺纹退刀槽,其尺寸见相关手册。

(3) 为便于装配,在轴端和过盈配合表面压入端应制成倒角。

2. 确定各段轴的长度

轴各段的长度主要取决于轴上零件(传动零件、轴承)的宽度以及相关零件(箱体轴承座、轴承端盖)的轴向位置和结构尺寸。

(1) 对于安装齿轮、带轮、联轴器的轴段,当这些零件靠其他零件(套筒、轴端挡圈等)顶住来实现轴向固定时,该轴段的长度应比与之相配轮毂的宽度短 2~3 mm,以保证固定可靠。如图 8-4 中安装齿轮 d_4、带轮和联轴器 d 的左端处。

(2) 安装滚动轴承处轴段的轴向尺寸由轴承的位置和宽度来确定。

根据以上对轴的各段直径尺寸设计和已选的轴承类型,可初选轴承型号,查出轴承宽度 B 和轴承外径等尺寸(由轴承手册查到)。轴承内侧端面的位置(轴承端面至箱体内壁的距离 Δ_3),如果轴承用箱体内润滑油润滑,Δ_3 取值 3~5 mm,见图 8-1(a);如果轴承用润滑脂润滑,为了安装封油环,Δ_3 取值 8~12 mm,见图 8-1(b)。

确定了轴承位置和已知轴承的尺寸后,即可在轴承座孔内画出轴承的图形。

(3) 轴的外伸段长度取决于外伸轴段上安装的传动零件尺寸和轴承盖的结构。如采用凸缘式轴承盖,应考虑装拆轴承盖螺钉所需的距离,如图 8-4(a)所示;当外伸轴装有弹性套柱销联轴器时,B' 必须满足弹性套柱销联轴器的装拆条件,如图 8-4(b)所示。图 8-4 中,轴上零件端面距轴承盖的距离为 l_1 应大于 15~20 mm。如果采用嵌入式轴承盖,l_1 亦可取 5~10 mm。

(4) 轴承盖长度尺寸 $m = L - \Delta_3 - B$,一般取 $m \geq t$(t 的值一般取 (1~1.2) d_3)。

(5) 齿轮端面与箱体内壁间留有间距 Δ_2 取值 ≥ 10 mm。

(6) 轴环的宽度为 $b \approx 1.4h$(h 为轴肩高度),如图 8-5 所示。

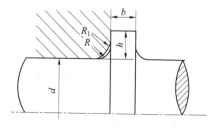

图 8-5 轴环

(7) 轴上键槽的尺寸和位置。平键的剖面尺寸根据相应轴头的直径确定,键的长度应比轴段长度短。键槽不要太靠近轴肩处,以避免由于键槽加重轴肩过渡圆角处的应力集中。键槽应靠近轮毂装入侧轴段端部,以便装配时轮毂的键槽容易对准轴上的键。

在轴的结构设计完成之后,即可得到如图 8-6 所示的一级圆柱齿轮减速器装配草图(二)。

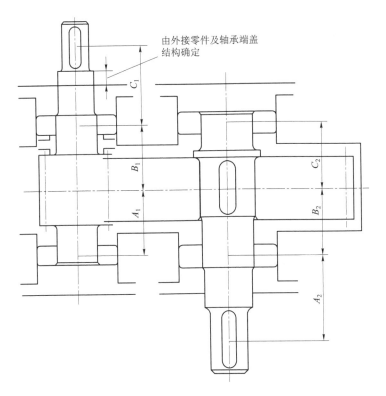

图 8-6 一级圆柱齿轮减速器装配草图（二）

8.4 轴系零件的设计计算

1. 轴、轴承和键连接的校核计算

（1）确定轴上力作用点及支承跨距。轴上力作用点及支承跨距可从图 8-6 装配草图定出。传动零件的力作用线位置，可取在轮缘宽度的中点。滚动轴承支反力作用点与轴承端面的距离，可查轴承标准。从图 8-6 装配草图（二）可以定出主动轴上力作用点间的距离为 C_1+B_1、支承跨距为 A_1+B_1，从动轴上力作用点间的距离为 A_2+B_2，支承跨距为 C_2+B_2。

（2）进行轴、轴承和键连接的校核计算。力作用点及支承跨距确定后，便可求出轴所受的弯矩和扭矩。这时应选定轴的材料，综合考虑受载大小、轴径粗细及应力集中等因素，确定一个或几个危险剖面，对轴的强度进行校核。如果校核不合格，则须对轴的一些参数，如轴径、圆角半径等作适当修改；如果强度裕度较大，不必马上改变轴的结构参数，待轴承寿命以及键连接强度校核之后，再综合考虑是否修改或如何修改的问题。实际上，许多机械零件的尺寸是由结构确定的，并不完全决定于强度。

对滚动轴承应进行寿命、静载及极限转速的验算。一般情况下，可取减速器的使用寿命为轴承寿命，也可取减速器的检修期为轴承寿命，到时便更换。验算结果如不能满足使用要求（寿命过短或过长），可以改用其他宽度系列或直径，必要时可以改变轴承类型。

对于键连接，应先分析受载情况、尺寸大小及所用材料，确定危险零件并进行验算。若经校核强度不合格,当相差较小时,可适当增加键长;当相差较大时,可采用双键,其承载能力按单键的 1.5 倍计算。

根据校核计算的结果,必要时应对装配工作草图进行修改。

2. 齿轮的结构设计

通过齿轮的传动强度计算,只能确定齿轮的参数及主要尺寸,而轮缘、轮辐和轮毂的结构形式及尺寸大小是通过结构设计确定的。齿轮的结构形状与其尺寸大小、材料、毛坯大小及制造方法有关。

对于直径较小的钢制齿轮,当齿轮的齿顶圆直径 d_a 小于轴孔直径的两倍或圆柱齿轮齿根圆至键槽底部的距离 $x<2.5m$（m 为模数）时,可将齿轮和轴做成一体,称为齿轮轴,如图 8-7 所示。

当齿轮根圆直径 d_f 大于轴径 d,齿顶圆直径 $d_a \leq 160$ mm,且 $x \geq 2.5m$（m 为模数）时,齿轮可与轴分开制造,可做成实心结构,如图 8-8 所示。

齿顶圆直径 $d_a < 500$ mm 的齿轮可做成腹板式结构,如图 8-9 所示,腹板式齿轮一般要在腹板上加工出孔来减轻重量。

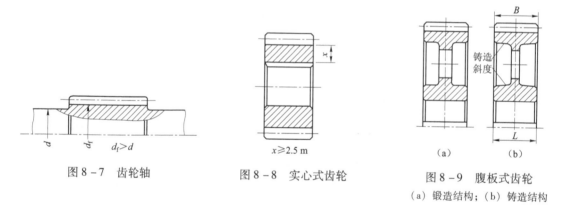

图 8-7 齿轮轴　　图 8-8 实心式齿轮　　图 8-9 腹板式齿轮
（a）锻造结构；（b）铸造结构

大型齿轮可做成轮辐式结构,多采用铸造或焊接工艺成型。

3. 滚动轴承组件的结构设计

（1）轴承端盖。

轴承端盖分为嵌入式（如图 8-10 所示）和凸缘式（如图 8-11 所示）两种,用以固定轴承的外圈,调整轴承间隙并承受轴向力,其材料一般为铸铁或钢。

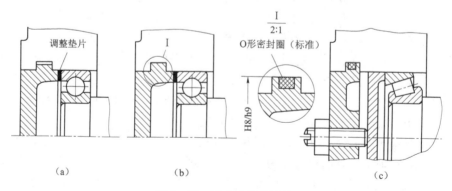

图 8-10 嵌入式轴承端盖

嵌入式轴承端盖结构简单、紧凑，不需用螺钉紧固，重量轻，轴承座端面与轴承孔中心线不需严格垂直。但密封性较差，一般需在端盖的外凸部分开槽，并加 O 形密封圈，装拆端盖和调整轴承间隙较麻烦，需打开机盖放置调整垫片，或采用调节螺钉和压盖进行调节，如图 8-10（c）所示。

凸缘式轴承端盖调整轴承间隙比较方便，用螺钉固定密封性好，所以应用广泛。

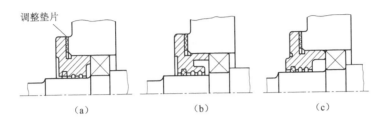

图 8-11　凸缘式轴承端盖

按照轴承盖中间是否有孔又分为透盖和闷盖。透盖中间有孔，用于轴的外伸端以便轴向外伸出，与轴接触处要设有密封装置。闷盖中间无孔，用于轴的非外伸端。轴承端盖的结构尺寸见表 8-3 及表 8-4。

表 8-3　凸缘式轴承端盖结构尺寸

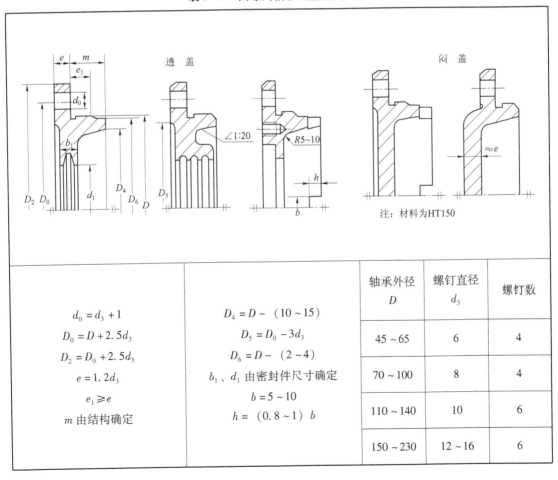

		轴承外径 D	螺钉直径 d_3	螺钉数
$d_0 = d_3 + 1$ $D_0 = D + 2.5 d_3$ $D_2 = D_0 + 2.5 d_3$ $e = 1.2 d_3$ $e_1 \geqslant e$ m 由结构确定	$D_4 = D - (10 \sim 15)$ $D_5 = D_0 - 3 d_3$ $D_6 = D - (2 \sim 4)$ b_1、d_1 由密封件尺寸确定 $b = 5 \sim 10$ $h = (0.8 \sim 1) b$	45~65	6	4
		70~100	8	4
		110~140	10	6
		150~230	12~16	6

表 8-4 嵌入式轴承端盖结构尺寸

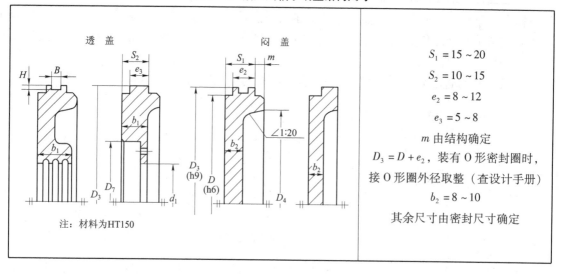

$S_1 = 15 \sim 20$

$S_2 = 10 \sim 15$

$e_2 = 8 \sim 12$

$e_3 = 5 \sim 8$

m 由结构确定

$D_3 = D + e_2$，装有 O 形密封圈时，按 O 形圈外径取整（查设计手册）

$b_2 = 8 \sim 10$

其余尺寸由密封尺寸确定

注：材料为 HT150

（2）减速器中常用支承组件的结构设计。

直齿圆柱齿轮常用支承组件的结构设计。如图 8-12 所示采用深沟球轴承，两轴承内圈一侧用轴肩定位，外圈用轴承盖作轴向固定。右端轴承外圈与轴承盖间留有轴向间隙 C（0.2～0.5 mm），使轴受热后可自由伸长。密封处轴的圆周速度 $v \leqslant 7$ m/s。

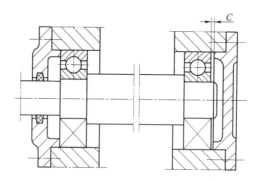

图 8-12 直齿圆柱齿轮支承组件的结构（一）

如图 8-13 所示采用深沟球轴承和凸缘式轴承盖，右轴承的内外圈均作双向固定，为固定支承。左轴承的外圈与轴承盖有较大的轴向间隙，为游动支承，轴受热后可自由伸长。用于轴跨距较大的场合。

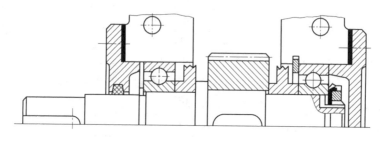

图 8-13 直齿圆柱齿轮支承组件的结构（二）

以上工作进行过后可得到如图 8-14 所示的一级圆柱齿轮减速器装配草图（三）。

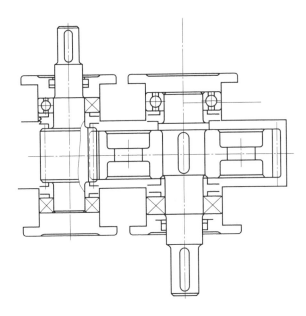

图 8-14　一级圆柱齿轮减速器装配草图（三）

8.5　减速器箱体的结构设计

减速器箱体起着支承轴系、保证传动零件和轴系正常运转的重要作用，其重量约占减速器重量的一半。因此，箱体结构对减速器工作性能、加工工艺、材料消耗及制造成本等有很大影响。

按毛坯制造工艺和材料种类不同，减速器箱体分铸造箱体和焊接箱体。铸造箱体材料多用铸铁（HT150、HT200），铸造箱体易于获得合理和复杂的结构形状，刚性好、易加工、承压强度高和减振性好，但制造周期长、重量大，适合于批量生产。对于单件或小批量生产的大型减速器，可采用焊接箱体，但用钢板焊接时容易产生热变形，故要求较高的焊接技术，焊接成型后还需进行退火处理。

减速器箱体从结构形式上可以分为剖分式箱体和整体式箱体。剖分式箱体由箱座与箱盖两部分组成，用螺栓连接起来构成一个整体。剖分面多为水平面，与传动零件轴心线平面重合，有利于轴系部件的安装和拆卸，如图 5-1～图 5-4 所示。整体式箱体重量轻、零件少、机体的加工量也少，但轴系装配比较复杂。

在已确定箱体结构形式和箱体毛坯制造方法以及已进行的装配工作草图设计的基础上，可全面地进行箱体的结构设计。

1. 箱体壁厚及其结构尺寸的确定

箱体要有合理的壁厚。轴承座、箱体底座等处承受的载荷较大，其壁厚应更厚些。箱座、箱盖、轴承座、底座凸缘等的壁厚可参照表 5-2～表 5-4 确定。

2. 轴承旁连接螺栓凸台结构尺寸的确定

（1）确定轴承旁连接螺栓位置。如图 8-15 所示，为了增大剖分式箱体轴承座的刚度，轴承旁连接螺栓距离应尽量小，但是不能与轴承盖连接螺钉相干涉，一般 $S \approx D_2$，D_2 为轴承盖外径。用嵌入式轴承盖时，D_2 为轴承座凸缘的外径。当两轴承座孔之间，安装不下两个螺栓时，可在两个轴承座孔间距的中间安装一个螺栓。

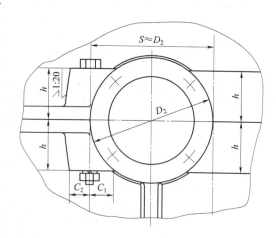

图 8-15　轴承旁连接螺栓凸台的设计

（2）确定凸台高度 h。在最大的轴承座孔的轴承旁连接螺栓的中心线确定后，根据轴承旁连接螺栓直径 d_1 确定所需的扳手空间 C_1 和 C_2 值，用作图法确定凸台高度 h。用这种方法确定的 h 值不一定为整数，可向大的方向圆整为 R20 标准数列值。其他较小轴承座孔凸台高度，为了制造方便，均设计成等高度。考虑铸造拔模，凸台侧面的斜度一般取 1：20（如图 8-15 所示）。

3. 确定箱盖顶部外表面轮廓

对于铸造箱体，箱盖顶部一般为圆弧形。大齿轮一侧，可以轴心为圆心，以 $R = d_{a2}/2 + \Delta_1 + \delta_1$ 为半径画出圆弧作为箱盖顶部的部分轮廓。在一般情况下，大齿轮轴承座孔凸台均在此圆弧以内。而在小齿轮一侧，用上述方法取的半径画出的圆弧，往往会使小齿轮轴承座孔凸台超出圆弧，一般最好使小齿轮轴承座孔凸台在圆弧以内，这时圆弧半径 R 应大于 R'（R' 为小齿轮轴心到凸台处的距离）。如图 8-16（a）所示为用 R 为半径画出小齿轮处箱盖的部分轮廓。当然，也有使小齿轮轴承座孔凸台在圆弧以外的结构［图 8-16（b）］。

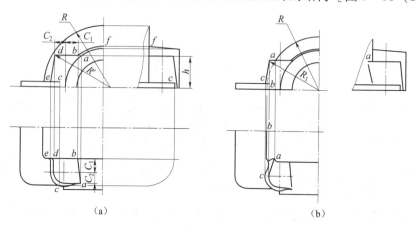

图 8-16　小齿轮一侧箱盖圆弧的确定和凸台三视图

在初绘装配工作草图时，在长度方向小齿轮一侧的内壁线还未确定，这时根据主视图上的内圆弧投影，可画出小齿轮侧的内壁线。

画出小齿轮、大齿轮两侧圆弧后，可作两圆弧切线。这样，箱盖顶部轮廓便完全确定了。

4. 确定箱座高度和油面

箱座高度通常先按结构需要来确定，然后再验算是否能容纳按功率所需要的油量。如果不能，再适当加高箱座的高度。

减速器工作时，一般要求齿轮不得搅起油池底的沉积物。这样，要保证大齿轮齿顶圆到油池底面的距离大于 30~50 mm（如图 7-1 所示），即箱体的高度 $H \geqslant d_{a2}/2 + (30~50)\text{mm} + \delta + (3~5)\text{mm}$，并将其值圆整为整数。

圆柱齿轮润滑时的浸油深度和减速器箱体内润滑油量的确定见第 7 章。

5. 油沟的结构尺寸确定

当利用箱体内传动零件溅起来的油润滑轴承时，通常在箱座的凸缘面上开设油沟，使飞溅到箱盖内壁上的油经油沟进入轴承。开输油沟时还应注意，不要与连接螺栓孔相干涉。

油沟的布置和油沟尺寸如图 8-17 所示。油沟可以铸造，也可铣制而成。铣制油沟可以用指状铣刀铣制出来，也可以用盘铣刀铣制出来。铣制油沟由于加工方便、油流动阻力小，故较常应用。

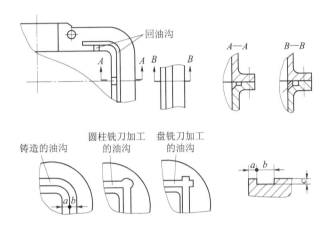

$a = 5~8$ mm（铸造）；$a = 3~5$ mm（机加工）；$b = 6~10$ mm；$c = 3~5$ mm

图 8-17 油沟的布置和尺寸

6. 箱盖、箱座凸缘及连接螺栓的布置

箱盖与箱座连接凸缘、箱底座凸缘要有一定宽度，可参照表 5-2 确定。另外，还应考虑安装连接螺栓时，要保证有足够的扳手活动空间。

轴承座外端面应向外凸出 5~8 mm，以便切削加工。箱体内壁至轴承座孔外端面的距离（轴承座孔长度）为 $L = \delta + C_1 + C_2 + (8~12)\text{mm}$。

布置凸缘连接螺栓时，应尽量均匀对称。为保证箱盖与箱座接合的紧密性，螺栓间距不要过大，对中小型减速器为 150~200 mm。布置螺栓时，与其他零件间也要留有足够的扳手活动空间。

7. 箱体结构设计还应考虑的几个问题

1）足够的刚度

箱体除有足够的强度外，还需有足够的刚度，后者和前者同样重要。若刚度不够，会使轴和轴承在外力作用下产生偏斜，引起传动零件啮合精度下降，使减速器不能正常工作。因此，在设计箱体时，除有足够的壁厚外，还需在轴承座孔凸台上、下做出刚性加强肋板。

2）良好的箱体结构工艺性

箱体的结构工艺性主要包括铸造工艺性和机械加工工艺性等。

箱体的铸造工艺性：设计铸造箱体时，力求外形简单、壁厚均匀、过渡平缓。在采用砂模铸造时，箱体铸造圆角半径一般可取 $R \geqslant 5$ mm。为使液态金属流动畅通，壁厚应大于最小铸造壁厚（最小铸造壁厚见表 8-5）。

表 8-5 铸件最小壁厚

mm

材 料	小型铸件 ≤200×200	中型铸件 (200×200~500×500)	大型铸件 >500×500
灰口铸铁	3~5	8~10	12~15
可锻铸铁	2.5~4	6~8	
球墨铸铁	>6	12	
铸钢	>8	10~12	15~20
铝	3	4	

铸造箱体外型尽量简单，以使拔模方便。铸件沿拔模方向应有 1:10~1:20 的拔模斜度，应尽可能避免沿拔模方向的凸起结构，以利于拔模。箱体上尽量避免出现狭缝，以免砂型强度不够，在浇铸和取模时易形成废品。图 8-18（a）所示结构两凸台距离太小而形成狭缝，应将凸台连在一起，如图 8-18（b）、（c）、（d）所示。

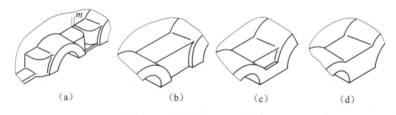

图 8-18 箱体中间凸台的结构

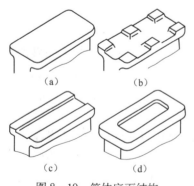

图 8-19 箱体底面结构

箱体的机械加工工艺性：设计箱体结构形状时，应尽量减少加工面积。在如图 8-19 所示的箱座底面结构中，图 8-19（b）为较好的结构，便于箱体找正，小型箱体多采用如图 8-19（c）所示结构。

尽量减少机械加工时的工件和刀具调整次数，提高加工精度并减少加工工时。如：应使同一轴线上的两轴承座孔直径一致，以便一次镗出。各轴承座旁凸台取相同高度，各轴承外端面取同一平面上，以利于一次调整加工，如图 8-20 所示。

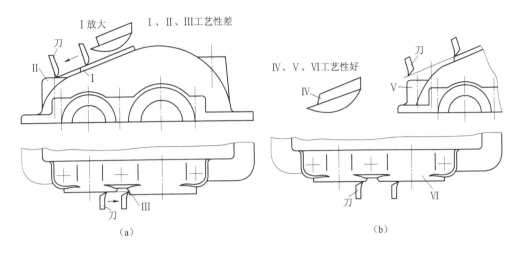

图 8-20 箱体外表面加工工艺性

8.6 减速器附件的结构设计

为了使减速器具备较完善的性能,如注油、排油、通气、吊运,检查传动件啮合情况和拆装方便等,在减速器箱体上常需设置某些装置或零件,将这些装置和零件上相应的局部结构统称为减速器附属装置,简称附件。减速器上常设置以下附件。

1. 视孔和视孔盖

视孔应设在箱盖的上部,以便于观察传动零件啮合区的位置,其尺寸应足够大,以便于检查和手能伸入箱内操作。

视孔一般用盖板盖上,用 M6~M10 的螺钉紧固。为了便于机械加工与视孔盖接触的接合面,箱盖上视孔口应制成凸台。

视孔盖可用轧制钢板或铸铁制成,它和箱体之间应加纸质密封垫片,以防止漏油。如图 8-21(a)所示为轧制钢板视孔盖,其结构轻便,上下面无需机械加工,无论单件或成批生产均常采用;如图 8-21(b)所示为铸铁视孔盖,制造时需制木模,且有较多部位需进行机械加工,故应用较少。

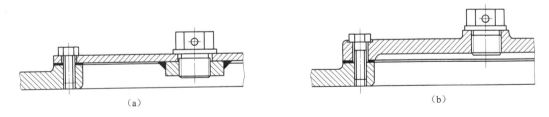

图 8-21 视孔盖

视孔盖的结构和尺寸可参照表 8-6 确定,也可自行设计。

表 8-6 视孔盖的结构尺寸

A	100、120、150、180、200	
A_1	$A + (5 \sim 6)d_4$	
A_0	$0.5(A + A_1)$	
B	$B_1 - (5 \sim 6)d_4$	
B_1	箱体宽度 $-(15 \sim 20)$	
B_0	$0.5(B + B_1)$	
d_4	M6 ~ M8	
h	1.5 ~ 2（Q235）；5 ~ 8（铸铁）	

带过滤网的视孔盖：此视孔盖还起到通气器的作用
$\delta_K = (0.01 \sim 0.012)A_1$；
$H = 0.1 A_1$

2. 通气器

减速器在工作时，箱体内的温度会升高，使箱体内气体膨胀，气压升高。为便于箱体内热气逸出，保证箱体内外压力平衡，提高箱体分界面和外伸轴密封处的密封性，常在箱盖顶部或窥视孔盖上安装通气器。表 8-7 ~ 表 8-9 为常见通气器结构尺寸，选择通气器类型时应考虑其对环境的适应性。

表 8-7 通气螺塞（无过滤装置）

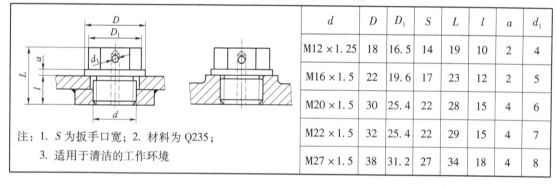

d	D	D_1	S	L	l	a	d_1
M12 × 1.25	18	16.5	14	19	10	2	4
M16 × 1.5	22	19.6	17	23	12	2	5
M20 × 1.5	30	25.4	22	28	15	4	6
M22 × 1.5	32	25.4	22	29	15	4	7
M27 × 1.5	38	31.2	27	34	18	4	8

注：1. S 为扳手口宽；2. 材料为 Q235；3. 适用于清洁的工作环境

表 8-8 通气帽（经一次过滤）

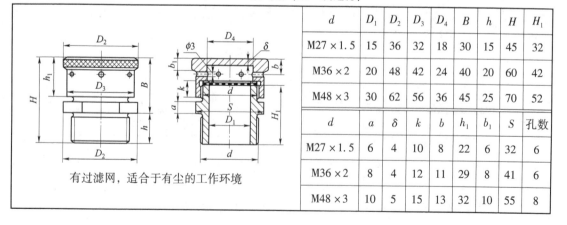

d	D_1	D_2	D_3	D_4	B	h	H	H_1
M27 × 1.5	15	36	32	18	30	15	45	32
M36 × 2	20	48	42	24	40	20	60	42
M48 × 3	30	62	56	36	45	25	70	52

d	a	δ	k	b	h_1	b_1	S	孔数
M27 × 1.5	6	4	10	8	22	6	32	6
M36 × 2	8	4	12	11	29	8	41	6
M48 × 3	10	5	15	13	32	10	55	8

有过滤网，适合于有尘的工作环境

表8-9 通气器（经两次过滤）

d	d_1	d_2	d_3	d_4	D	a	b	c
M18×1.5	M33×1.5	8	3	16	40	12	7	16
M27×1.5	M48×1.5	12	4.5	24	60	15	10	22

d	h	h_1	D_1	R	k	e	f	S
M18×1.5	40	18	25.4	40	6	2	2	22
M27×1.5	54	24	39.6	60	7	2	2	32

此通气器经两次过滤，防尘性能好

3. 油标

油标用于检查油面高度，常设置于方便观察油面及油面较稳定处。如：在低速级齿轮附近。

油标有多种结构形状，常用的有：杆式油标（又称油尺）、管状油标和长形油标。杆式油标结构简单，在减速器中用得较多，其上有表示最高和最低油面的刻线。装有隔离套的油尺，可以减轻油搅动的影响。

油尺在减速器中多采用侧装式结构。油尺座孔的高度和倾斜位置要合适，否则会直接影响油尺座孔的加工和油标的使用。油尺的结构及尺寸见表8-10。

表8-10 杆式油标

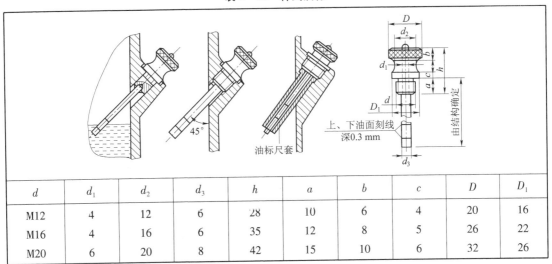

d	d_1	d_2	d_3	h	a	b	c	D	D_1
M12	4	12	6	28	10	6	4	20	16
M16	4	16	6	35	12	8	5	26	22
M20	6	20	8	42	15	10	6	32	26

4. 放油螺塞

如图8-22所示，为了将污油排放干净，放油孔应设置在油池的最低处，平时用螺塞堵住。采用圆柱螺塞时，箱座上装螺塞处应设置凸台，并加封油圈，以防润滑油泄漏。放油孔不能高于油池底面，以避免油排放不干净。如图8-22（a）所示为不正确的放油孔位置设置（污油排放不干净），图8-22（b）、（c）两种结构均可，但图8-22（c）有半边螺孔，其攻螺纹工艺性较差，一般不采用。

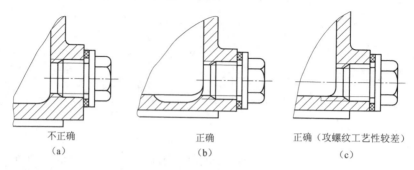

不正确
(a)

正确
(b)

正确（攻螺纹工艺性较差）
(c)

图 8-22 放油孔的位置

螺塞和油封圈的结构尺寸见表 8-11。

表 8-11 六角头螺塞

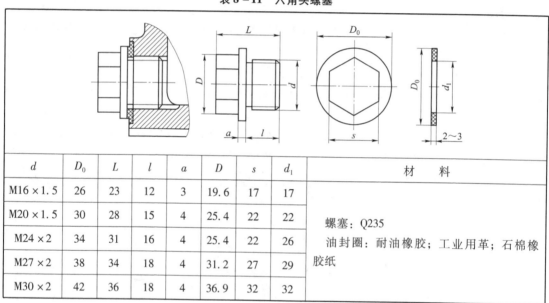

d	D_0	L	l	a	D	s	d_1	材　　料
M16×1.5	26	23	12	3	19.6	17	17	
M20×1.5	30	28	15	4	25.4	22	22	螺塞：Q235
M24×2	34	31	16	4	25.4	22	26	油封圈：耐油橡胶；工业用革；石棉橡胶纸
M27×2	38	34	18	4	31.2	27	29	
M30×2	42	36	18	4	36.9	32	32	

5. 定位销

定位销的作用是为了保证剖分箱体的轴承座孔的加工精度和装配精度。为提高定位精度，圆锥销尽量设置在不对称位置上，一般是在箱体连接凸缘上距离尽量远处（如对角线方向），安装两个圆锥定位销。

一般取定位销直径 $d = (0.7 \sim 0.8)d_2$，d_2 为箱盖和箱座凸缘连接螺栓直径（见表 5-2）。其长度应大于上下箱体连接凸缘的总厚度，并且装配成上、下两头均有一定长度的外伸量，以便装拆，如图 8-23 所示。

6. 启盖螺钉

箱盖、箱座在密封时需在剖分面上涂有密封涂料，给拆卸带来困难，这时需在箱盖凸缘上设置 1~2 个启盖螺钉，如图 8-24 所示，启盖时可将箱盖顶起。

启盖螺钉的直径可与箱体凸缘连接螺栓直径相同，其螺纹长度必须大于箱盖凸缘厚度，且钉杆端部要做成圆柱形或半圆形，以免顶坏螺纹。

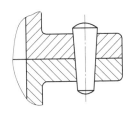
图 8-23　定位销

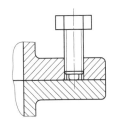
图 8-24　启盖螺钉

7. 吊运装置

减速器吊运装置有吊环螺钉、吊耳、吊钩、箱座吊钩等。

吊环螺钉装在箱盖上，用于箱盖的拆卸及搬运。吊环螺钉为标准件，其尺寸可按其起吊重量由手册选取。安装吊环螺钉时，必须使其台肩抵紧箱盖接合面即保证螺纹部分全部拧入后，才能承受较大载荷，因此箱盖上螺钉孔必须局部锪大，如图 8-25 所示。其中图 8-25（a）的结构不正确，吊环螺钉旋入螺孔的螺纹部分 l_1 过短，l_2 过长，会使钻头在加工螺孔时，钻头半边切削的行程过长，钻头易折断。图 8-25（b）、（c）螺钉孔工艺性较好，可采用。

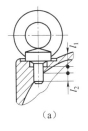
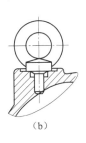

图 8-25　吊环螺钉的螺钉尾部结构
（a）不正确（l_1 过短，l_2 过长）；（b）可用；（c）正确

减速器中，常常采用在箱盖上直接铸出吊耳或吊耳环来代替吊环螺钉，以减少机械加工工序，其结构尺寸见表 8-12。

为吊运整台减速器，需在箱座凸缘下面铸出吊钩，其结构尺寸见表 8-12。

表 8-12　吊耳和吊钩

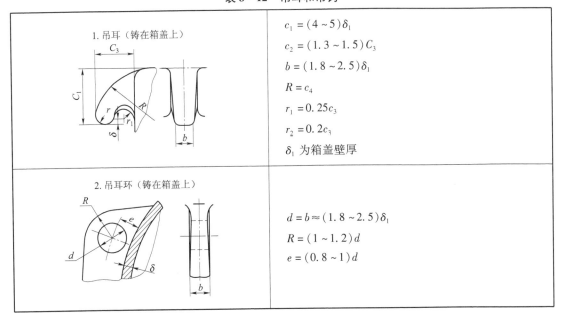

1. 吊耳（铸在箱盖上）	$c_1 = (4 \sim 5)\delta_1$ $c_2 = (1.3 \sim 1.5)C_3$ $b = (1.8 \sim 2.5)\delta_1$ $R = c_4$ $r_1 = 0.25c_3$ $r_2 = 0.2c_3$ δ_1 为箱盖壁厚
2. 吊耳环（铸在箱盖上）	$d = b \approx (1.8 \sim 2.5)\delta_1$ $R = (1 \sim 1.2)d$ $e = (0.8 \sim 1)d$

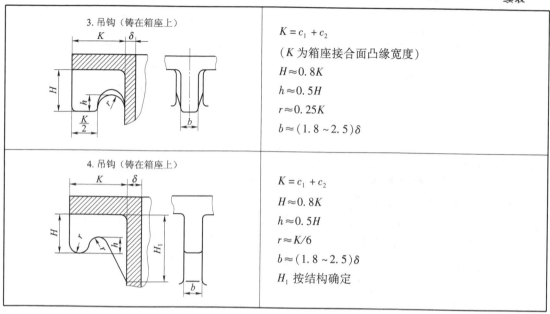

完成箱体和附件设计后,可画出如图 8-26 所示的减速器装配工作草图(四)。

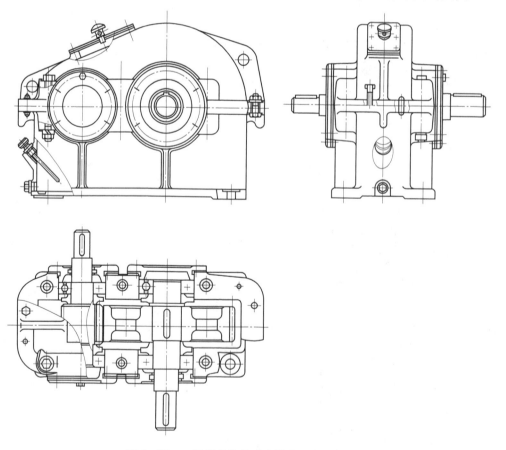

图 8-26 一级圆柱齿轮减速器装配底图(四)

8.7　装配草图的检查与修改完善

一般，应从箱内零件开始检查，然后扩展到箱外附件；先从齿轮、轴、轴承及箱体等主要零件检查，然后对其余零件检查。在检查中，应把三个视图对照起来，以便发现问题。应检查以下内容。

（1）总体布置是否与传动装置方案简图一致。

（2）轴承要有可靠的游隙或间隙调整措施。

（3）轴上零件的轴向定位：轴肩定位高度是否合适；用套筒等定位时，轴的装配长度应小于零件轮毂长度 2~3 mm。

（4）保证轴上零件能按顺序装拆。注意轴承的定位轴肩不能高于轴承内圈高度。外伸端定位轴肩与轴承盖距离保证轴承盖螺钉装拆或轴上零件装拆条件。

（5）轴上零件要有可靠的周向定位。

（6）当用油润滑轴承时，输油沟是否能将油输入轴承。当用脂润滑轴承时，是否安装封油环，透盖处是否有密封。

（7）油面高度是否符合要求。

（8）齿轮与箱体内壁的距离要保证。

（9）箱体凸缘宽度应留有扳手活动空间。

（10）箱体底面应考虑减少加工面，不能整个表面与机座接触。

（11）装螺栓、油塞等处要有沉头座或凸台。

（12）视图的数量和表达方式是否恰到好处。各零件间的相互关系是否表达清楚，3 个视图的投影关系是否正确。

在完成以上内容的检查修正后，不要忙于线条加粗，应待零件图完成后，确认不需要再修改装配图时再加粗。

9 减速器装配工作图设计

9.1 装配图样的设计要求

装配图是机器或部件设计意图的反映,是机械设计与制造的重要技术文件。在机器或部件的设计制造中都需要装配图,其主要作用如下。

(1) 在新设计或测绘机器或部件时,要画出装配图来表示该机器或部件的构造和装配关系,并确定各零件的结构形状和协调各零件的尺寸等,是绘制零件图的依据。

(2) 在生产中装配机器时,要根据装配图制订装配工艺规程,装配图是机器装配、检验、调试和安装工作的依据。

(3) 使用和维修中,装配图是了解机器或部件工作原理、结构性能,从而决定操作、保养、拆装和维修方法的依据。

(4) 在机械技术交流、引进先进技术或更新改造原有设备时,装配图也是不可缺少的资料。所以装配图设计在整个产品设计、制造、装配和使用过程中都起着重要的作用。

在完成装配草图的基础上,综合考虑草图中各零件的材料、强度、刚度、加工、装拆、调整和润滑等要求,修改其中不尽合理之处,提高整体设计质量。

装配图设计的主要任务包括:完整表达机器或装配单元中各部件及零件之间的装配特征、结构形状和位置关系;标注尺寸和配合代号;对图样中无法表达或不易表达的技术细节以技术要求、技术特性表的方式,用文字表达;对零件进行编号,并列于明细表中,填写标题栏。

9.2 装配图的绘制

绘制装配图前应根据装配草图确定图形比例和图纸幅面,综合考虑装配图的各项设计内容,合理布置图面,图纸幅面及格式按国家标注规定选择。

减速器装配图可用两个或三个视图表达,必要时加设局部视图、辅助断面或剖视图,主要装配关系应尽量集中表达在基本视图上。例如,对于展开式齿轮减速器,常把俯视图作为基本视图;对于蜗杆减速器则一般选择主视图为基本视图。装配图上一般不用虚线表示零件结构形状,不可见而又必须表达的内部结构,可采用局部剖视等方法表达。在完整、准确地表达设计对象的结构、尺寸和各零部件间相互关系的前提下,装配图的视图应简明扼要。

具体在绘制装配图样时应注意以下几点。

(1) 画剖视图时,不同的零件其剖面线的方向或间距应不同,而同一零件在几个视图上的剖面线方向和间距都应该相同。

(2) 对于薄壁零件,在图面上的尺寸小于 2 mm(如视孔盖板下的油垫纸板等)的剖视图,可用全剖涂黑表示。但未剖到的垫片等则不应该涂黑。涂黑工作应待所有剖面线画完,且在零件轮廓线加深后再进行,以保证图面清晰。

(3) 装配工作图上某些结构可用简化画法。例如:对于类型、尺寸、规格相同的螺栓联系,可以只画一个,其他用各自的中心线表示。又如:一对相同的轴承,可以按结构要求画出一个完整的轴承,其余可以用机械制图标准中规定简化画法表示。

9.3 装配图的尺寸标注

装配图是组装各零件的依据,所以应使尺寸线布置整齐、清晰,尺寸应尽量标注在视图外面,主要尺寸尽量集中标注在主要视图上,相关尺寸尽可能集中标注在相关结构表达清晰的视图上。在装配图上应标注以下几类尺寸。

(1) 特性尺寸:表达所设计的机器或装配单元主要性能和规格的尺寸,如传动零件的中心距及其偏差。

(2) 外形尺寸:表达机器总长、总宽和总高的尺寸。该尺寸可供包装运输和车间布置时参考。

(3) 安装尺寸:表达图中机器或装配单元与其他相关联零部件间的位置、安装和装配关系。如箱体底座的尺寸(包括长、宽、厚);地脚螺栓孔中心的定位尺寸;地脚螺栓孔的中心距和直径;减速器的中心高;主动轴与从动轴外伸端的配合长度和直径等。

(4) 配合尺寸:表达机器或装配单元内部零件之间装配关系的尺寸。如轴与带轮、齿轮、联轴器、轴承的配合尺寸;轴承与轴承座孔的配合尺寸等。标注这些尺寸的同时应标出配合种类与精度等级。减速器主要零件的配合的荐用值见表 9-1。

表 9-1 减速器主要零件的荐用配合

配 合 零 件	推荐配合	装 拆 方 法
大中型减速器的低速级齿轮(蜗轮)与轴的配合,轮缘与轮芯的配合	$\dfrac{H7}{r6}$、$\dfrac{H7}{s6}$	用压力机或温差法(中等压力的配合,小过盈配合)
一般齿轮、蜗轮、带轮、联轴器与轴的配合	$\dfrac{H7}{r6}$	用压力机(中等压力的配合)

续表

配 合 零 件	推荐配合	装 拆 方 法
要求对中性良好及很少装拆的齿轮、蜗轮、联轴器与轴的配合	$\dfrac{H7}{n6}$	压力机（较紧的过渡配合）
小锥齿轮及较常装拆的齿轮、联轴器与轴的配合	$\dfrac{H7}{m6}$、$\dfrac{H7}{k6}$	手锤打入（过渡配合）
滚动轴承内孔与轴的配合（内圈旋转）	j6（轻负荷）、k6、m6（中等负荷）	用压力机（实际为过盈配合）
滚动轴承外圈与箱体孔的配合（外圈不转）	H7、H6（精度要求高时）	木槌或徒手装拆
轴承套环与箱体孔的配合	$\dfrac{H7}{h6}$	木槌或徒手装拆

9.4 标题栏和明细表

1. 标题栏

技术图样的标题栏应布置在图纸的右下角，其格式、线型及内容应按国家标准规定完成，允许根据实际需要增减标题栏中的内容。

2. 明细表

（1）零件编号。为便于读图、装配及生产准备工作（备料、订货及预算等），必须对装配图上的所有零件进行编号。零件编号要完全，但不能重复，图上相同零件只能有一个编号。零件编号方法可以采用不区分标准件和非标准件的方法，统一编号；也可以把标准件和非标准件分开，分别编号。由几个零件组成的独立组件（如滚动轴承、通气器等）可作为一个零件编号。

零件引线不得交叉，尽量不与剖面线平行，编号数字应比图中数字大 1~2 号。零件编号按顺时针或逆时针顺序排列，在水平和垂直方向上应排列整齐。

（2）明细表。明细表是减速器所有零件的详细目录，填写明细表的过程也是对各零件、部件、组件的名称、品种、数量、材料进行审查的过程。明细表的填写一般是由下向上，对每一个编号的零件都应该按序号顺序在明细表中列出。对于标准件，必须按照规定标记，完整地写出零件名称、材料、规定及标准代号。对材料要注明牌号；对齿轮、蜗杆、蜗轮应注明其主要参数，如模数 m、齿数 z、螺旋角 β 等。

装配图标题栏和零件明细表的格式见表 9-2。

表 9-2 明细表和标题栏格式

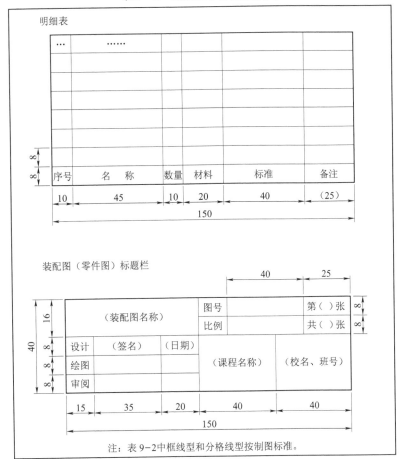

注：表 9-2 中框线型和分格线型按制图标准。

9.5 装配图中的技术特性和技术要求

1. 技术特性

在装配工作图上的适合位置列表写出减速器的技术特性，其内容及格式见表 9-3。

表 9-3 减速器技术特性表

输入功率 P/kW	输入转速 $n/(\text{r}\cdot\text{min}^{-1})$	传动效率 η	总传动比 i	传动特性					
				第一级			第二级		
				m_1	i_1	β_1	精度等级	m_2	i_2	β_1	精度等级

2. 技术要求

装配图的技术要求是用文字表述图面上无法表达或表达不清的关于装配、检验、润滑、使用及维护等内容和要求。技术要求的执行是保证减速器正常工作的重要条件，主要包括以下内容。

1）对零件的要求

在装配前，应按照图纸检验零件的配合尺寸，合格零件才能装配。所有零件要用煤油或汽油清洗，机体内不许有任何杂物存在，机体内壁应涂上防侵蚀的涂料。

2）对润滑剂的要求

对传动零件及轴承所用的润滑剂，其牌号、用量、补充及更换时间都要标明。传动零件和轴承所用润滑剂的选择方法参见教材有关章节。

3）对密封的要求

机器运转过程中，所有连接面及外伸轴颈处都不允许漏油。剖分面上允许涂密封胶或水玻璃，但不允许使用任何垫片或填料。外伸轴颈处应加装密封元件。

4）对安装调整的要求

安装滚动轴承时，要保证适当的轴向游隙；安装齿轮或蜗轮时，必须保证需要的传动侧隙。有关数据均应标注在技术要求中，供装配时检测用。

5）对实验的要求

减速器装配好后，应先作空载试验。空载试验为正反转各 1 小时，要求运转平稳、噪音低、连接固定处不得松动。作负载试验时，油池温升不得超过 35 ℃，轴承温升不得超过 40 ℃。

6）对包装、运输及外观的要求

对外伸轴及其配合零件部分需涂油包装严密，机体表面应涂漆，运输及装卸不可倒置等。一般在编写技术要求时，可参考有关图纸或资料。

10 零件图样设计

零件工作图是零件制造，检验和制定工艺规程的基本技术文件。它既要根据装配图表明设计要求，又要考虑制造的可能性和合理性。零件工作图应包括制造和检验零件所需的全部内容，即零件的图形、尺寸及公差、形位公差、表面粗糙度、材料、热处理及其他技术要求、标题栏等。

在机械结构分析与设计课程设计中，绘制零件图的目的在于培养学生掌握零件工作图设计的内容，要求和绘制的一般方法。由于时间有限，通常由指导教师指定绘制1~3个典型的零件（一般以轴类和齿轮类零件为主）的工作图。本章将简要介绍常用轴类零件、齿轮类零件及箱体类零件的图样设计要求。

10.1 零件图样的设计要求

10.1.1 零件图的设计要求

零件图是制造、检验和制定零件工艺规程的依据。零件图由装配图拆绘设计而成，零件图既反映其功能要求，明确表达零件的详细结构，又要考虑加工装配的可能性和合理性。一张完整的零件图要求能全面、正确、清晰地表达零件结构、制造和检验所需的全部尺寸和技术要求。零件图的设计质量对减少废品、降低成本、提高生产率和产品机械性能等至关重要。

绘制零件图主要是培养学生掌握零件图的设计内容、要求和绘制方法，提高工艺设计能力和技能。所以在绘制时应按照机械制图标准中规定画法进行，除图形尺寸外，还要注明尺寸公差、形位公差、表面粗糙度、零件材料及热处理以及其他技术要求等制造和检验所需的全部详尽资料。

10.1.2 零件图的设计要点

1. 正确选择和合理布置视图

每个零件必须单独绘制在一个标准图幅中，要能清楚地表达零件内、外部的结构形状，并使视图的数量最少。在绘图时，应尽量采用1:1的比例尺以加强真实感，对于细部结构，可选择局部视图，或放大绘制。在视图中所表达的零件结构形状，应与装配工作图一致，如需改动，则装配工作图也要作相应的修改。

2. 合理标注尺寸

零件图上的尺寸是加工与检验的依据。要求认真分析设计要求和零件的制造工艺，正确选择尺寸基准,做到尺寸齐全、标注合理、清楚,不遗漏、不重复,数字准确无差错,以免造成零件报废。

零件的结构尺寸应从装配图中得到并与装配图一致,不得随意变动,以防发生矛盾。对装配图中未曾标明的一些细小结构,如退刀槽、倒角、圆角和铸件壁厚的过渡尺寸等,在零件图中都应完整、正确地绘制出来。

另外,有一些尺寸应以设计计算为准,例如齿轮的几何尺寸等。零件工作图上的自由尺寸应加以圆整。

3. 形位公差的标注

形位公差是评定零件加工质量的重要指标之一,应按设计要求由标准查取,并标注于零件图上。配合尺寸及要求精度的尺寸(如轴孔配合尺寸、键连接配合尺寸、箱体孔中心距等)均应标注尺寸的极限偏差,并根据不同要求标注零件的形位公差,自由尺寸的公差一般可不标注。

4. 表面粗糙度的标注

零件的所有表面都应注明表面粗糙度值,以便于制定加工工艺。在保证正常工作的条件下应尽量选用数值较大者,以便于加工。如果工件的多数表面有相同的表面粗糙度时,则应统一标注在图样的标题栏附近,而且要在符号后面加圆括号。

5. 齿轮类零件的啮合参数表

对于齿轮、蜗轮类零件,由于其参数及误差检验项目等较多,应在图纸右上角列出啮合参数表,填写主要参数、精度等级及误差检验项目等。

6. 编写技术要求

技术要求指对于不便在图上用图形或符号标注,而又是制造中应明确的内容,可用文字在技术要求中说明。它的内容比较广泛多样,需视零件的要求而定。技术要求一般包括:

(1) 对材料的机械性能和化学成分的要求。
(2) 对铸锻件及其他毛坯件的要求,如时效处理,去毛刺等要求。
(3) 对零件的热处理方法及热处理后硬度的要求。
(4) 对加工的要求,如配钻、配铰等。
(5) 对未注圆角、倒角的要求。
(6) 其他特殊要求,如对大型或高速齿轮的平衡实验要求等。

有关轴、齿轮、箱体等零件应标注的技术要求,详见以下各节。

7. 零件工作图标题栏

标题栏按国家标准格式设置在图纸的右下角,主要内容有注明图号,零件的名称、材料及件数,绘图比例尺等内容。零件工作图标题栏的格式参考装配工作图标题栏格式,见表10-1。

表10-1 零件图标题栏

10.2 轴类零件图样

10.2.1 视图选择

轴类零件的工作图，一般只用一个主视图即可基本表达清楚，视图上表达不清的键槽和孔，增加必要的局部剖面或剖视图。对于退刀槽中心孔等细小的结构，必要时应绘制局部放大图，以确切表达出其形状并标注尺寸。

10.2.2 尺寸标注

1. 基本尺寸

轴类零件大多都是回转体，因此主要是标注直径和轴向长度尺寸，标注尺寸时，应特别注意有配合关系的部分。当各轴段直径有几段相同时，都应逐一标注不得省略。即使是圆角和倒角，也应标注无遗，或者在技术要求中说明。标注长度尺寸时首先应选取好基准面，并尽量使尺寸的标注反映加工工艺要求，不允许出现封闭的尺寸链，避免给机械加工造成困难。图 10-1 为轴类零件长度尺寸的标注示例，图中 2 为主要基准面，1 为辅助基准面。注意图中键槽位置的标注方法。

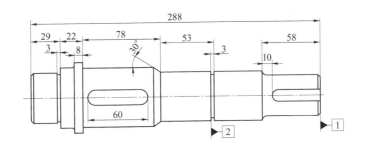

图 10-1 轴的长度尺寸标注

2. 尺寸公差

轴类零件工作图有以下几处需要标注尺寸公差。

（1）安装传动零件（齿轮、蜗轮、带轮、链轮等）、轴承以及其他回转体与密封装置处轴的直径公差。公差值安装配图中选定的配合性质从公差配合中查出。

（2）键槽的尺寸公差。键槽的宽度和深度的极限偏差按键连接标准规定从有关资料中查出。

（3）轴的长度公差。在减速器中一般不作尺寸链的计算，不必标注长度公差。

3. 表面粗糙度

轴的各个表面都要加工，与轴承相配合表面及轴肩端面粗糙度的选择参考表 10-2；其他表面粗糙度数值可按表 10-3 推荐的选择。

表 10-2 配合面的表面粗糙度值

轴或轴承座直径 /mm		轴或外壳孔配合表面直径公差等级								
		IT7			IT6			IT5		
		表面粗糙度等级/μm								
超过	到	Rz	Ra		Rz	Ra		Rz	Ra	
			磨	车		磨	车		磨	车
	80	10	1.6	3.2	6.3	0.8	1.6	4	0.4	0.8
80	500	16	1.6	3.2	10	1.6	3.2	6.3	0.8	1.6
端面		25	3.2	6.3	25	3.2	6.3	10	1.6	3.2

注:1. 与/P0/P6(/P6x)级公差轴承配合的 I 轴,其公差等级一般为 IT6,外壳孔一般为 IT7。
    2. IT 为轴配合部分的标准公差值。

表 10-3 轴加工表面粗糙度 Ra 推荐数值

加 工 表 面	表面粗糙度 Ra 值/μm			
与传动件及联轴器等轮毂相配合的表面	1.6~0.4			
与普通级滚动轴承相配合的表面	1.6~0.8			
与传动件及联轴器相配合的轴肩表面	6.3~1.6			
与滚动轴承相配合的轴肩表面	6.3~3.2			
平键键槽	3.2~1.6(工作面),12.5~6.3(非工作面)			
与轴承密封装置相接触的表面	毡封油圈	橡胶油封		间隙及迷宫式
	与轴接触处的圆周速度/(m·s⁻¹)			3.2~1.6
	≤3	>3~5	>5~10	
	3.2~1.6	0.8~0.4	0.4~0.2	
螺纹牙工作面	0.8(精密精度螺纹),1.6(中等精度螺纹)			
其他表面	6.3~3.2(工作面),12.5~6.3(非工作面)			

4. 形位公差

1) 轴形位公差项目推荐

在轴的零件工作图上,应标注必要的形位公差,以保证减速器的装配质量及工作性能。表 10-4 列出了轴上应标注的形位公差项目及其对工作性能的影响,供设计时参考。

表 10-4 轴的形位公差推荐项目

内容	项 目	符号	精度等级	对工作性能影响
形状公差	与传动零件相配合直径的圆度	○	7~8	影响传动零件与轴配合的松紧及对中性
	与传动零件相配合直径的圆柱度	⌭		
	与轴承相配合直径的圆柱度	⌭	7~8	影响轴承与轴配合的松紧及对中性

续表

内容	项目	符号	精度等级	对工作性能影响
位置公差	齿轮的定位端面相对轴心线的端面圆跳动	↗	6~8	影响齿轮和轴承的定位及其受载的均匀性
	轴承的定位端面相对轴心线的端面圆跳动	↗	6~8	
	与传动零件相配合的直径相对于轴心线的径向圆跳动	↗	6~8	影响传动零件的运转同心度
	与轴承相配合的直径相对于轴心线的径向圆跳动	↗	6~7	影响轴和轴承的运转同心度
	键槽侧面相对轴中心线的对称度（要求不高时不注）	=	7~9	影响键受载的均匀性及装拆的难易程度

2) 形位公差值的推荐

根据传动精度和工作条件等，可估算出以下几方面的形位公差值。

（1）配合表面的圆柱度。

① 与滚动轴承或齿轮等配合的表面，其圆柱度公差约为轴径公差的1/2。

② 与联轴器和带轮等配合的表面，其圆柱度公差为轴径公差的（0.6~0.7）倍。

（2）配合表面的径向圆跳动。

① 轴与齿轮、蜗轮轮毂的配合部位相对滚动轴承配合部位的径向圆跳动可按表10-5确定。

表 10-5 轴与齿轮、蜗轮配合部位的径向圆跳动

齿轮（蜗轮等）精度等级		6	7、8	9
轴在安装轮毂部位的径向圆跳动	圆柱齿轮和圆锥齿轮	2IT3	2IT4	2IT5
	蜗杆、蜗轮	—	2IT5	2IT6

② 轴与联轴器、带轮的配合部位相对滚动轴承配合部位的径向圆跳动可按表10-6确定。

表 10-6 轴与联轴器、带轮配合部位的径向圆跳动

转速/（r·min^{-1}）	300	600	1 000	1 500	3 000
径向圆跳动度/mm	0.08	0.04	0.024	0.016	0.008

③ 轴与两滚动轴承的配合部位的径向圆跳动，其公差值：对球轴承为IT6；对滚子轴承为IT5。

④ 轴与橡胶油封部位的径向圆跳动：轴转速 $n \leq 500$ r/min，取 0.1 mm；轴转速 $n <$ 500~1 000 r/min，取 0.07 mm；轴转速 $n > 1 000$ ~500 r/min，取 0.05 mm；$n > 1 500$ ~3 000 r/min，取 0.02 mm。

3. 轴肩的端面圆跳动

（1）与滚动轴承端面接触：对球轴承取（1~2）IT5；对滚子轴承取（1~2）IT4。

（2）齿轮、蜗轮轮毂端面接触：当轮毂宽度 l 与配合直径 d 的比值 l/d＜0.8 时，可按表 10-7 确定端面圆跳动；当比值 l/d≥0.8 时，可不标注端面圆跳动。

表 10-7　轴与齿轮、蜗轮轮毂端面接触处的轴肩端面圆跳动

齿轮（蜗轮等）精度等级	6	7，8	9
轴肩的端面圆跳动	2IT3	2IT4	2IT5

4. 平键键槽两侧面相对轴中心线的对称度

对称度公差约为轴槽宽度公差的 2 倍。

10.2.3　技术要求

（1）对材料的机械性能和化学成分的要求，允许的代用材料等。
（2）对材料表面机械性能要求，如热处理方法要求达到的硬度，渗碳层深度及淬火深度等。
（3）对机械加工的要求。如是否保留中心孔，与其他零件配合加工的应加以说明。
（4）对图中未注明的圆角、倒角的说明，个别部位修饰加工要求，较长轴的毛坯校直等。

10.2.4　轴类零件工作图示例

如图 10-2 所示为轴的零件工作图示例。

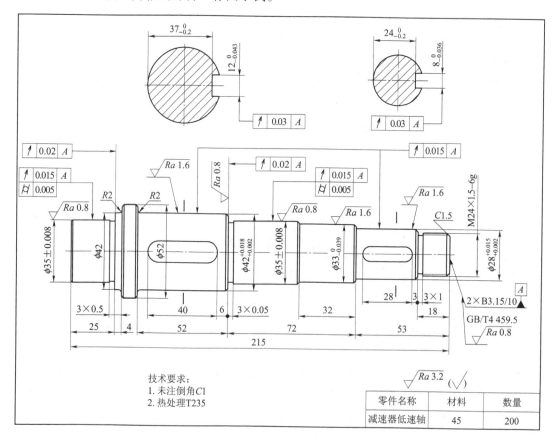

图 10-2　轴的零件工作图示例

10.3 齿轮类零件图样

齿轮零件工作图中除了零件图形、尺寸公差和技术要求外,还应有啮合参数表。

10.3.1 视图选择

齿轮、蜗轮等盘类零件工作图一般需要两个视图,主视图轴线水平布置,并作剖视表达内部结构,侧视图可只绘制主视图表达不清的键槽和孔。

对于组合式蜗轮结构,需要分别绘制蜗轮组件图和齿圈、轮毂的零件图。齿轮轴的视图与一般轴零件类似。为表达齿形的有关特征及参数,必要时应绘制局部剖面图。

10.3.2 尺寸标注

齿轮类零件与安装轴配合的孔、齿顶圆和轮毂端面是齿轮设计、加工、检验和装配的基准,尺寸精度要求高,应标注尺寸及其极限偏差、形位公差。分度圆直径虽不能直接测量,但作为基本设计尺寸,应予以标注。

蜗轮组件中,轮缘与轮毂的配合;锥齿轮中,锥距及锥角等保证装配和啮合的重要尺寸,应按相关标准标注。

齿轮类零件的表面粗糙度见表 10-8,形位公差推荐项目见表 10-9。

表 10-8 齿轮轮齿表面粗糙度 Ra 推荐值

齿轮精度等级	4		5		6		7		8		9	
齿面	硬	软	硬	软	硬	软	硬	软	硬	软	硬	软
齿面粗糙度 $Ra/\mu m$	≤0.4		≤0.8	≤1.6	≤0.8	≤1.6	≤0.8	≤3.2		≤6.3	≤3.2	≤6.3

表 10-9 轮坯的形位公差推荐项目及影响

项目	符号	精度等级	对工作性能影响
圆柱齿轮以顶圆作为测量基准时齿顶圆的径向圆跳动 锥齿轮的齿顶圆锥的径向圆跳动 蜗轮外圆的径向圆跳动 蜗杆外圆的径向圆跳动	↗	按齿轮、蜗轮精度等级确定	影响齿厚的测量精度,并在切齿时产生相应的齿圈径向跳动误差,导致传动件的加工中心与使用中心不一致,引起分齿不均。同时会使轴心线与机床的垂直导轨不平行而引起齿向误差
基准端面对轴线的端面圆跳动	↗		
键槽两侧面对孔心线的对称度	═	7~9	影响键两侧受载的均匀性
轴孔的圆度	○	7~8	影响传动零件与轴配合的松紧及对中性
轴孔的圆柱度	⌭		

10.3.3 啮合特性表

齿轮类零件的主要参数和误差检验项目,应在齿轮(蜗轮)啮合特性表中列出。啮合特性表一般应布置在图幅的右上角。参数表中除必须标出齿轮的基本参数和精度要求外,检测项目可以根据需要增减,按功能要求从 GB/T 10095.1 或 GB/T 10095.2 中选取。

10.3.4 技术要求

(1) 对毛坯的要求,如铸件不允许有缺陷,锻件毛坯不允许有氧化皮及毛刺等。
(2) 对材料化学成分和力学性能的要求,允许使用代用材料。
(3) 零件整体或表面处理要求,如热处理方法、热处理后的硬度、渗碳/渗氮要求及淬火深度等。
(4) 未注倒角、圆角半径的说明。
(5) 其他特殊要求,如修形及对大型或高速齿轮进行平衡实验等。

10.3.5 齿轮类零件工作图示例

图 10-3 所示为圆柱齿轮工作图示例。

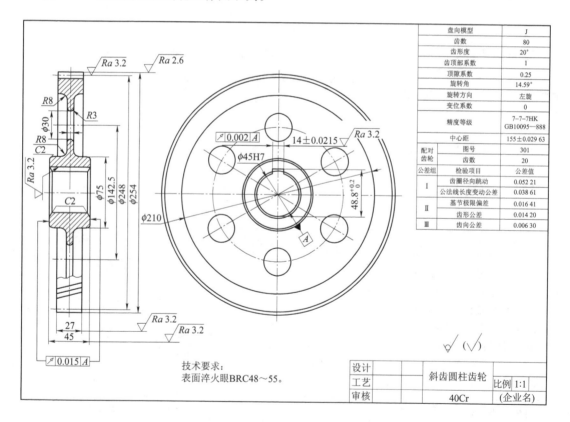

图 10-3 圆柱齿轮工作图示例

10.4 箱体类零件图样

铸造箱体通常设计成剖分式,由箱座及箱盖组成。因此箱体工作图应按箱座、箱盖两个零件分别绘制。

10.4.1 视图选择

箱座、箱盖的外形及结构均比较复杂。为了正确、完整地表明各部分的结构形状及尺寸,通常除采用三个主要视图外,还应根据结构、形状的需要增加一些必要的局部剖视图及局部放大图。

10.4.2 尺寸标注

1. 尺寸标注

箱体尺寸繁多,既要求在工作图上标出其制造(铸造、切削加工)及测量和检验所需的全部尺寸,而且所标注的尺寸应多而不乱,一目了然。

(1) 部位的形状尺寸,即表明箱体各部分形状大小的尺寸。如箱体(箱座、箱盖)的壁厚、长、宽、高、孔径及其深度、螺纹孔尺寸、凸缘尺寸、圆角半径、加强肋厚度和高度、各曲线的曲率半径、各倾斜部分的斜度等。

(2) 相对位置尺寸和定位尺寸,这是确定箱体各部分相对于基准的尺寸。如孔的中心线、曲线的曲率中心位置、孔的轴线与相应基准间的距离、斜度的起点及其相应基准间的距离、夹角等。标注时,应先选好基准,最好以加工基准面作为基准,这样对加工、测量均有利。通常箱盖与箱座在高度方向以剖分面(或底面)为基准,长度方向以轴承座孔的中心线,宽度方向以轴承座孔端面为基准。基准选定后,各部分的相对位置尺寸和定位尺寸都从基准面标注。

(3) 对机械工作性能有影响的尺寸,如传动件的中心距及其偏差,采用嵌入式轴承端盖,需要在箱体上开出的沟槽位置尺寸等,标注时,均应考虑检验该尺寸的方便性及可能性。

2. 尺寸公差和形位公差的标注

箱座与箱盖上应标注的尺寸公差可参考表 10 – 10,应标注的形位公差可参考表 10 – 11。

表 10 – 10 箱座与箱盖的尺寸公差

名 称		尺寸公差值
箱座高度 H		h11
两轴承座孔外端面之间的距离 L	有尺寸链要求时	(1/2) IT11
	无尺寸链要求时	H14

表 10-11　箱座与箱盖的形位公差

名　　称		形　位　公　差
箱体接触面的平面度	底面	100 mm 长度上不大于 0.05 mm
	剖分面	100 mm 长度上不大于 0.02 mm
	轴承座孔外端面	100 mm 长度上不大于 0.03 mm
基准平面的平行度		100 mm 长度上不大于 0.05 mm
基准平面的垂直度		100 mm 长度上不大于 0.05 mm
轴承座孔轴线与底面的平行度		h11
轴承座孔（基准孔）轴线对端面的垂直度	普通级球轴承	0.08～0.1
	普通级滚子轴承	0.03～0.04
两轴承座孔的同轴度	非调心球轴承	IT6
	非调心滚子轴承	IT5
轴承座孔圆柱度	直接安装滚动轴承时：	0.3 倍尺寸公差
	其余情况：	0.4 倍尺寸公差

3. 表面粗糙度的标注

箱座与箱盖各加工表面推荐用的表面粗糙度值见表 10-12。

表 10-12　箱座、箱盖加工表面推荐的表面粗糙度值

加 工 表 面	粗糙度 Ra 值 /μm	加 工 表 面	粗糙度 Ra 值 /μm
剖分面	3.2～1.6	轴承端盖及套杯的其他配合面	6.3～1.6
轴承座孔	1.6～0.8	油沟及检视孔连接面	12.5～6.3
轴承座凸缘外端面	3.2～1.6	箱座底面	12.5～6.3
螺栓孔、螺栓或螺钉沉头座	12.5～6.3	圆锥销孔	1.6～0.8

10.4.3　技术要求

箱座、箱盖的技术要求可包括以下内容。

（1）铸件应进行清砂、及时效处理。

（2）铸件不得有裂纹，结合面及轴承孔内表面应无蜂窝状缩孔，单个缩孔深度不得大于 3 mm，直径不得大于 5 mm，其位置距外缘不得超过 15 mm，全部缩孔面积应小于总面积的 5%。

（3）轴承孔端面的缺陷尺寸不得大于加工表面的 15%，深度不得大于 2 mm，位置应在轴承盖的螺钉孔外面。

（4）检视孔盖的支承面，其缺陷深度不得大于 1 mm，宽度不得大于支承面的 1/3，总面积不大于加工面的 5%。

（5）箱座和箱盖的轴承座孔应合起来进行镗孔。

（6）剖分面上的定位销孔加工时，应将箱盖、箱座合起来进行配钻、配铰。

（7）形位公差中不能用符号表示的要求，如轴承座孔轴线间的平行度、偏斜度等。

（8）铸件的圆角及斜度。

以上要求不必全部列出，可视具体设计列出其中重要项目即可。

10.4.4　箱体类零件工作图示例

如图 10-4、图 10-5 所示分别为一级圆柱齿轮减速器的箱盖与箱座的零件图。

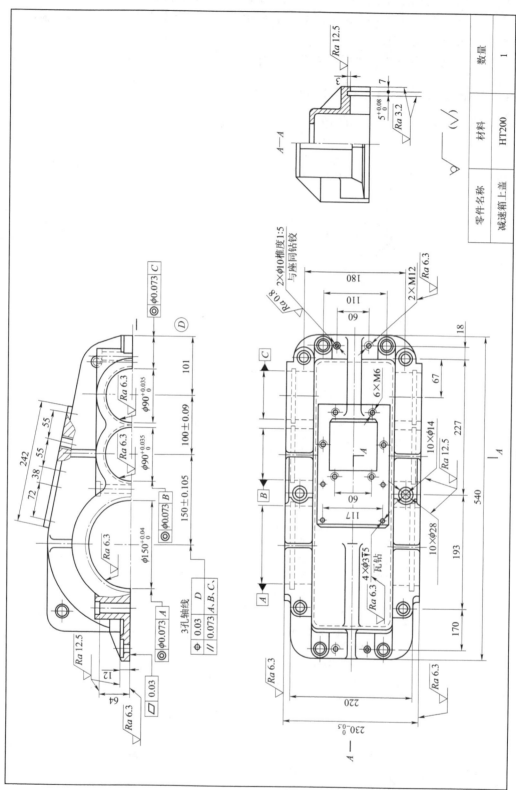

图 10-4 箱座零件图

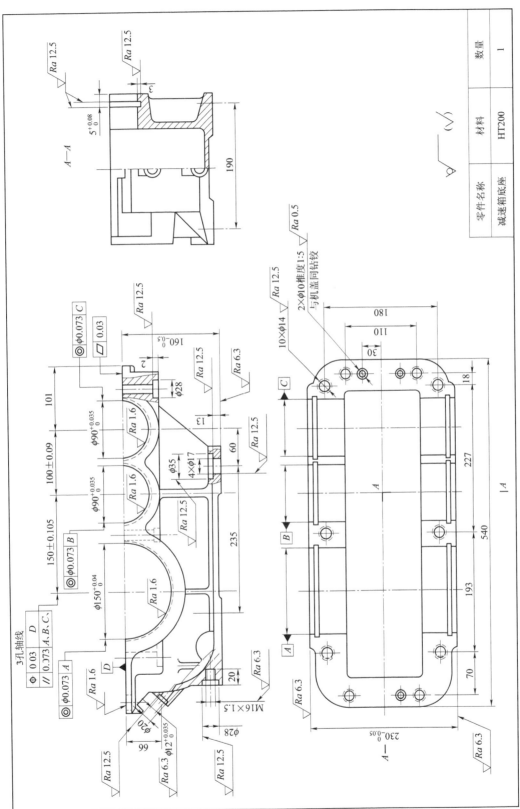

图 10-5 箱座零件图

11 设计说明书的编写和答辩准备

课程设计说明书是图纸设计的理论依据,也是对整个设计过程的整理和总结,同时也是审核设计的技术文件之一。

11.1 设计说明书的编写

设计说明书的编写工作主要有 3 个方面的内容:说明书的要求、主要内容及格式示例。

11.1.1 说明书的编写要求

设计说明书主要是阐明设计者思想、设计计算方法与计算数据的说明资料,是审查合理性的重要技术依据。因此,对设计说明书的要求如下。

(1) 系统地说明设计过程中要考虑到的问题以及全部计算项目。阐明设计的合理性、经济性、装拆、润滑密封等方面的有关问题。

(2) 计算要正确完整、文字简洁通顺、书写整齐清晰。计算部分只需列出公式、代入数据,直接得出结果。说明书中引用的重要计算公式、数据应注明来源(注出参考资料的页数),对得出结果应有一个简要的结论。

(3) 说明书应包括与计算有关的必要简图(例如轴的受力分析、弯矩、扭矩、结构等图)。

(4) 说明书要有设计专用纸张,按统一的格式书写。

(5) 说明书全部编写后,标出页次,编好目录,装订成册。

11.1.2 说明书包括的主要内容

(1) 目录:全部说明书的标题与页码。
(2) 设计任务书:一般由教师下达的设计任务书。
(3) 传动方案的拟订:其内容为简要说明可满足设计任务存在的多个方案,并且对多个方案进行比较,最后确定的传动方案,一般应附加相应的传动方案简图。
(4) 电动机的选择:根据分析、计算、比较,从多个可选电动机中选出最佳电动机,并列出电动机的技术参数和安装尺寸等。
(5) 传动装置的运动和动力参数计算:主要内容为传动比的分配依据和具体传动比分配,传动装置的运动和动力参数计算公式、计算过程,并将计算结果列在表中。
(6) 传动零件的设计计算:主要有带传动和齿轮传动的设计计算,包括设计依据,设计计算过程,校核计算和结论,最后将设计结果列在表中以便查阅。
(7) 轴与键的强度计算:主要内容有估算轴的直径,轴的结构设计,轴的受力分析,画出受力图、弯矩图、扭矩图以及当量弯矩图等,根据应力分布和轴段结构与尺寸,找出可能出现的危险截面,进行危险截面的校核计算,列出全部的校核计算过程和结论。另外,还要对轴上的键连接进行校核。
(8) 滚动轴承的选择与寿命计算:主要内容包括滚动轴承类型的选择以及寿命计算过程。
(9) 联轴器的选择:主要内容有联轴器类型与型号的选择。
(10) 箱体设计:主要内容有箱体结构尺寸的设计及必要说明。
(11) 减速器的润滑与密封:主要内容包括润滑及密封方式的选择。
(12) 减速器附件:主要内容包括减速器附件设计及说明。
(13) 设计小结:简要说明设计的体会、分析设计方案的优缺点及改进的意见等。
(14) 参考文献:列出全部的参考文献,内容包含文献编号、文献名称、作者、出版单位、出版日期。

11.1.3 说明书书写格式示例

计算项目	计 算 内 容	计算结果
1. 选择电动机	(1) 依题意选择电动机为Y形全封闭笼型三相异步电动机 (2) 选择电动机的功率 由 $\left.\begin{array}{l}P_{\mathrm{d}}=\dfrac{P_{\mathrm{W}}}{\eta}\\ P_{\mathrm{W}}=\dfrac{Fv}{1\,000\eta_{\mathrm{W}}}\end{array}\right\}$ 得 $P_{\mathrm{d}}=\dfrac{Fv}{1\,000\eta_{\mathrm{W}}\eta}$ $\eta\eta_{\mathrm{W}}=\eta_{带}\cdot\eta_{齿轮传动轴承}^{3}\cdot\eta_{齿轮传动}\cdot\eta_{联轴器}\cdot\eta_{卷筒轴承}\cdot\eta_{卷筒}$ 查表 4-1,取	

续表

计算项目	计算内容	计算结果
1. 选择电动机	$\eta_{带} = 0.96$　$\eta_{齿轮传动轴承} = 0.99$　$\eta_{齿轮传动} = 0.97$　$\eta_{联轴器} = 0.97$ $\eta_{卷筒轴承} = 0.98$　$\eta_{卷筒} = 0.96$ $\eta\eta_W = 0.96 \times 0.99^3 \times 0.97 \times 0.97 \times 0.98 \times 0.96 \approx 0.82$ $P_d = \dfrac{Fv}{1\,000\,\eta_W \eta} = \dfrac{2\,300 \times 1.5}{1\,000 \times 0.82} = 4.2 \text{ kW}$ $P_{ed} \geq 1.25 P_d = 1.25 \times 4.2 = 5.25 \text{ kW}$ 查表 19-1 取 $P_{ed} = 5.5 \text{ kW}$ （3）确定电动机轴转速 卷筒轴工作转速　$n_W = \dfrac{60 \times 1\,000 v_{带}}{\pi D} = \dfrac{60 \times 1\,000 \times 1.5}{\pi \times 400} = 71.7 \text{ r/min}$ 由 $i_总 = i_带 \cdot i_{齿轮}$ 查表 4-2 得 $i_带 = 2 \sim 4$，$i_{齿轮} = 3 \sim 5$ $i_总 = (2 \sim 4) \times (3 \sim 5) = 6 \sim 20$ 电动机转速可选范围为 $n'_d = i'_总 \cdot n_W = (6 \sim 20) \times 71.7 = 430.2 \sim 1\,434 \text{ r/min}$ 综合考虑电动机和传动装置的尺寸重量及带传动和减速器的传动比，取同步转速为 1 000 r/min，查表 19-1 得电动机型号为 Y132 M2-6 $P_{ed} = 5.5 \text{ kW}$，$n_满 = 960 \text{ r/min}$	$p_d = 4.2 \text{ kW}$ $p_{ed} = 5.5 \text{ kW}$ 电动机型号为 Y132 M2-6 $p_{ed} = 5.5 \text{ kW}$， $n_满 = 960 \text{ r/min}$

11.2　答 辩 准 备

答辩是课程设计最后一个环节。通过答辩的准备和答辩过程，可以系统地分析设计的优缺点，发现问题，总结初步掌握的设计方法和步骤，提高独立工作的能力。也可以使教师全面检查学生是否掌握设计知识。通过准备答辩，可以对设计过程进行全面的分析与总结，发现存在的问题。

11.2.1　设计资料整理

答辩前归纳所有的设计内容，将设计说明书装订成册，将绘制的图折叠好，并且一起置于图纸袋中。

对设计过程进行认真系统的总结，复习相关理论，弄清楚设计中牵涉的每一个数据和公式，并清楚图纸上的结构设计等问题。

总结设计的优缺点，明确以后设计中应注意的问题，为答辩与以后实际工作做准备。

11.2.2　答辩准备

完成设计后，主要围绕下列问题准备答辩：机械设计的一般方法和步骤；传动方案的确定；电动机的选择、传动比的分配；各零件的构造和用途；各零件的受力分析；材料选择和承载能力计算；主要参数尺寸和结构形状的确定；工艺性与经济性；选择公差、配合、技术要求；减速器各零件的装配、调整、维护和润滑的方法；资料、手册、标准和规范的应用。

11.2.3 答辩复习题

（1）叙述对传动方案的分析理解。

（2）电动机的功率怎样确定？

（3）选择电动机的同步转数应考虑哪些因素？同步转速与满载转速有何不同？设计计算时用哪个转速？

（4）分配传动比时考虑了哪些因素？

（5）带传动设计计算时，怎么样合理确定小带轮直径？若带速 $v<5$ m/s 如何处理？包角 $\alpha<120°$ 应如何处理？

（6）简述齿轮传动的设计方法与步骤。

（7）软齿面与硬齿面齿轮传动各有什么特点？

（8）对于开式齿轮传动与闭式齿轮传动设计，其小齿轮齿数 z_1 的选择有什么不同？

（9）一对啮合的齿轮，大小齿轮为什么常用不同的材料和热处理方法？

（10）设计齿轮时大小齿轮的宽度是否一致？

（11）斜齿轮有什么优点？螺旋角对传动有什么影响？

（12）齿轮宽度与轴头长度是否相同？为什么通常大小齿轮的宽度不一致？

（13）如何选择联轴器？高速级和低速级常用联轴器有何不同？

（14）怎样确定轴承座的宽度？

（15）箱体中的油量是怎样确定的？

（16）定位销与箱体的加工装配有什么关系？如何布置定位销？

（17）减速器中有哪些附件？各有什么作用？

（18）与其他传动比较，带传动的优点是什么？

（19）带传动可能出现的失效形式是什么？设计中你采取了哪些措施来避免？

（20）带传动中为什么通常把松边放在上边？

（21）你设计的齿轮传动，可能的失效形式是什么？

（22）选择小齿轮的齿数应该考虑哪些因素？齿数的多少各有什么利弊？

（23）什么情况下，齿轮与轴连在一起？

（24）齿轮的软、硬齿面是如何划分的，其性质有何不同？

（25）轴上各段直径如何确定？为什么要尽可能取标准直径？

（26）试述你设计的轴上零件的轴向与周向定位方法。

（27）轴类零件按载荷分有哪几类？你设计的轴是哪类轴？

（28）在轴的端部和轴肩处为什么要有倒角？

（29）试述你选用的轴承代号的含义？

（30）角接触球和圆锥滚子轴承为什么要成对使用？

（31）如何选择、确定键的类型与尺寸？

第三部分

常用设计资料

12 一般标准

一般标准见表 12-1～表 12-10。

表 12-1 图纸幅面和图框格式（GB/T 14698—1993）

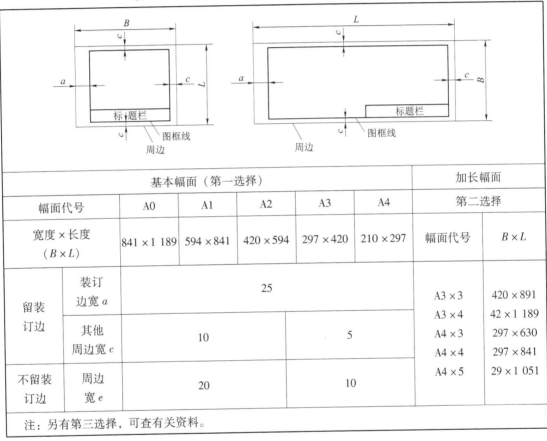

幅面代号		基本幅面（第一选择）					加长幅面	
		A0	A1	A2	A3	A4	第二选择	
宽度×长度 $(B \times L)$		841×1 189	594×841	420×594	297×420	210×297	幅面代号	$B \times L$
留装订边	装订边宽 a	25					A3×3	420×891
							A3×4	42×1 189
	其他周边宽 c	10			5		A4×3	297×630
							A4×4	297×841
不留装订边	周边宽 e	20			10		A4×5	29×1 051

注：另有第三选择，可查有关资料。

表 12-2 图样比例（GB/T 14690—1993）

原值比例	1:1
放大比例	2:1　（2.5:1）　（4:1）　5:1　$1 \times 10^n:1$　$2 \times 10^n:1$ $(2.5 \times 10^n:1)$　$(4 \times 10^n:10)$　$(5 \times 10^n:1)$
缩小比例	（1:1.5）　1:2　（1:2.5）　（1:3）　（1:4）　1:5　$1:1 \times 10^n$ $(1:1.5 \times 10^n)$　$(1:2 \times 10^n)$　$(1:2.5 \times 10^n)$　$(1:3 \times 10^n)$　$(1:4 \times 10^n)$　$(1:5 \times 10^n)$

注：1. 表中 n 为正整数。
　　2. 括号内为必要时也允许选用的比例。

表 12-3　标准尺寸（直径、长度、高度等）（摘自 GB/T 2822—2005）

mm

R			R′			R			R′			R			R′		
R10	R20	R40	R′10	R′20	R′40	R10	R20	R40	R′10	R′20	R′40	R10	R20	R40	R′10	R′20	R′40
2.50	2.50		2.5	2.5		40.0	40.0	40	40	40	40		280	280		280	280
	2.80			2.8				42.5			42			300			300
3.15	3.15		3.0	3.0			45.0	45.0		45	45	315	315	315	320	320	320
	3.55			3.5				47.5			48			335			340
4.00	4.00		4.0	4.0		50.0	50.0	50.0	50	50	50			355			360
	4.50			4.5				53.0			53		355	355		360	360
5.00	5.00		5.0	5.0			56.0	56.0		56	56			375			380
	5.60			5.5				60.0			60	400	400	400	400	400	400
6.30	6.30		6.0	6.0		63.0	63.0	63.0	63	63	63			425			420
	7.10			7.0				67.0			67		450	450		450	450
8.00	8.00		8.0	8.0			71.0	71.0		71	71			475			480
	9.00			9.0				75.0			75	500	500	500	500	500	500
10.0	10.0		10.0	10.0		80.0	80.0	80.0	80	80	80			530			530
	11.2			11				85.0			85		560	560		560	560
12.5	12.5	12.5	12	12	12		90.0	90.0		90	90			600			600
		13.2			13			95.0			95	630	630	630	630	630	630
	14.0	14.0		14	14	100	100	100	100	100	100			670			670
		15.0			15			106			105		710	710		710	710
16.0	16.0	16.0	16	16	16		112	112		110	110			750			750
		17.0			17			118			120	800	800	800	800	800	800
	18.0	18.0		18	18	125	125	125	125	125	125			850			850
		19.0			19			132			130		900	900		900	900
20.0	20.0	20.0	20	20	20		140	140		140	140			950			950
		21.2			21			150			150	1 000	1 000	1 000	1 000	1 000	1 000
	22.4	22.4		22	22	160	160	160	160	160	160			1 060			
		23.6			24			170			170			1 120		1 120	
25.0	25.0	25.0	25	25	25		180	180		180	180			1 180			
		26.5			26			190			190	1 250	1 250	1 250			
	28.0	28.0		28	28	200	200	200	200	200	200			1 320			
		30.0			30			212			210		1 400	1 400			
31.5	31.5	31.5	32	32	32		224	224		220	220			1 500			
		33.5			34			236			240	1 600	1 600	1 600			
	35.5	35.5		36	36	250	250	250	250	250	250			1 700			
		37.5			38			265			260		1 800	1 800			
														1 900			

注：1. 选择系列及单个尺寸时，应首先在优先系数 R 系列中选用标准尺寸。选用顺序为：R10、R20、R40。如果必须将数值圆整，可在相应的 R′ 系列中选用标准尺寸。

　　2. 本标准适用于有互换性或系列化要求的主要尺寸（如安装、连接尺寸、有公差要求的配合尺寸等）。

表 12–4 配合表面处的圆角半径、倒角尺寸及定位轴肩（GB/T 6403.4—1986）

mm

轴直径 d	>10~18	>18~30	>30~50	>50~80	>80~120	>120~180
R 及 C	0.8	1.0	1.6	2.0	2.5	3.0
C_1	1.2	1.6	2.0	2.5	3.0	4.0

注：1. 与滚动轴承相配合的轴及轴承座孔处的圆角半径参见相关设计手册。
    2. α 一般采用 45°，也可采用 30° 或 60°。
    3. C_1 的数值不属于 GB/T 6403.4—1986 内容，仅供参考。
    4. $d_1 = d + (3~4)C_1$ 并圆整为标准值。

表 12–5 轴肩自由表面过渡圆角半径

mm

$D-d$	2	5	8	10	15	20	25	30	35	40	50	55	65	70	90	100
R	1	2	3	4	5	8	10	12	12	16	16	20	20	25	25	30

表 12–6 中心孔（摘自 GB/T 145—2001）

mm

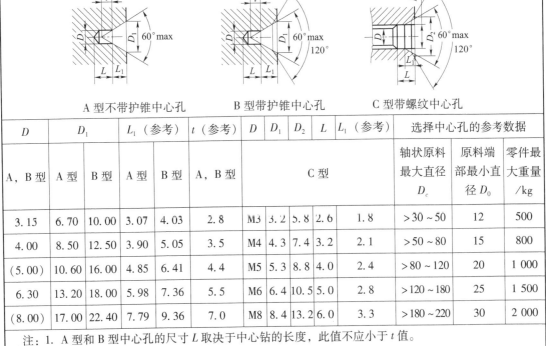

A 型不带护锥中心孔　　B 型带护锥中心孔　　C 型带螺纹中心孔

D	D_1		L_1（参考）		t（参考）	D	D_1	D_2	L	L_1（参考）	选择中心孔的参考数据		
A，B 型	A 型	B 型	A 型	B 型	A，B 型	C 型					轴状原料最大直径 D_c	原料端部最小直径 D_0	零件最大重量 /kg
3.15	6.70	10.00	3.07	4.03	2.8	M3	3.2	5.8	2.6	1.8	>30~50	12	500
4.00	8.50	12.50	3.90	5.05	3.5	M4	4.3	7.4	3.2	2.1	>50~80	15	800
(5.00)	10.60	16.00	4.85	6.41	4.4	M5	5.3	8.8	4.0	2.4	>80~120	20	1 000
6.30	13.20	18.00	5.98	7.36	5.5	M6	6.4	10.5	5.0	2.8	>120~180	25	1 500
(8.00)	17.00	22.30	7.79	9.36	7.0	M8	8.4	13.2	6.0	3.3	>180~220	30	2 000

注：1. A 型和 B 型中心孔的尺寸 L 取决于中心钻的长度，此值不应小于 t 值。
    2. 括号内的尺寸尽量不采用。
    3. 选择中心孔的参考数据不属于 GB/T 145—2001 内容，仅供参考。

表 12-7 中心孔表示方法（摘自 GB/T 4459.5—1999）

标注示例	解释	标注示例	解释
GB/T 4459.5—B3.15/10	标出做出 B 型中心孔 $D = 3.15$ mm，$D_1 = 10$ mm 在完工的零件上要求保留中心孔	GB/T 4459.5—A4/8.5	用 A 型中心孔 $D = 4$ mm，$D_1 = 8.5$ mm 在完工的零件上不允许保留中心孔
GB/T 4459.5—A4/8.5	用 A 型中心孔 $D = 4$ mm，$D_1 = 8.5$ mm 在完工的零件上是否保留中心孔都可以	2×GB/T 4459.5—B3.15/10	同一轴的两端中心孔相同，可只在其一端标注，但应标注出数量

表 12-8 砂轮越程槽（摘自 GB/T 6403.5—1986）

mm

b_1	0.6	1.0	1.6	2.0	3.0	4.0	5.0	8.0	10
b_2	2.0		3.0		4.0		5.0	8.0	10
h	0.1		0.2		0.3	0.4	0.6	0.8	1.2
r	0.2		0.5		0.8	1.0	1.6	2.0	3.0
d	~10				>10~50		>50~100	>100	

表 12-9 铸造外圆角（摘自 JB/ZQ 4256—1997）

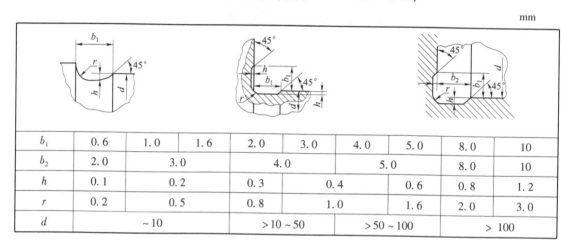

表面的最小边尺寸 P/mm	R/mm 外圆角 α					
	<50°	51°~75°	76°~105°	106°~135°	136°~165°	>165°
≤25	2	2	2	4	6	8
>25~60	2	4	4	6	10	16
>60~160	4	4	6	8	16	25
>160~250	4	6	8	12	20	30
>250~400	6	8	10	16	25	40
>400~600	6	8	12	20	30	50

表 12-10 铸造内圆角（摘自 JB/ZQ 4255—1997）

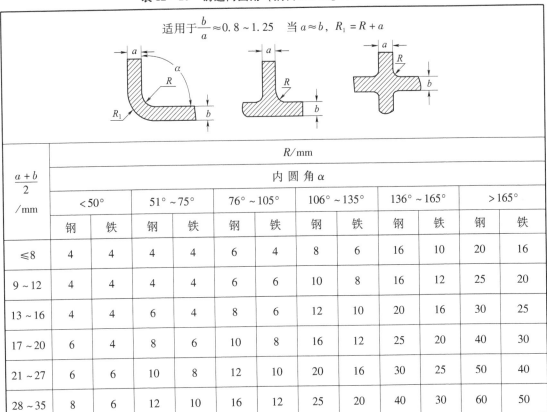

$\dfrac{a+b}{2}$ /mm	R/mm 内圆角 α											
	<50°		51°~75°		76°~105°		106°~135°		136°~165°		>165°	
	钢	铁	钢	铁	钢	铁	钢	铁	钢	铁	钢	铁
≤8	4	4	4	4	6	4	8	6	16	10	20	16
9~12	4	4	4	4	6	6	10	8	16	12	25	20
13~16	4	4	6	4	8	6	12	10	20	16	30	25
17~20	6	4	8	6	10	8	16	12	25	20	40	30
21~27	6	6	10	8	12	10	20	16	30	25	50	40
28~35	8	6	12	10	16	12	25	20	40	30	60	50

13 金属材料

金属材料相关标准见表13-1~表13-7。

表13-1 材料名称表示符号（摘自 GB/T 221—2000）

名称	采用汉字	采用符号	所在位置	名称	采用汉字	采用符号	所在位置
碳素结构钢	屈	Q	第1位	铸造用生铁	铸	Z	第1位
碳素工具钢	碳	T	第1位	球墨铸铁	球、铁	QT	第1位
滚珠轴承钢	滚	G	第1位	灰铸铁	灰、铁	HT	第1位
易切削钢	易	Y	第1位	可锻铸铁	可、铁、灰	KTH	第1位
沸腾钢	沸	F	最后位	碳素铸钢	铸、钢	ZG	第1位
炼钢用生铁	炼	L	第1位				

表 13-2 普通碳素结构钢的机械性能（摘自 GB/T1700—1998）

牌号	等级	屈服点 σ_s/MPa ≤16	>16~40	>40~60	>60~100	>100~150	>150	抗拉强度 σ_b/MPa	伸长率 δ_s/% ≤16	>16~40	>40~60	>60~100	>100~150	>150	温度 ℃	V形冲击功（纵向）/J	特性及应用
Q195	—	(195)	(185)	—	—	—	—	315~390	33	32	—	—	—	—	—	不小于	铁丝、垫铁、垫圈开口销、拉杆、冲压件及焊接件
Q215	A	215	205	195	185	175	165	335~410	31	30	29	28	27	26	—	—	拉杆、套圈、垫圈、渗碳零件及焊接件
Q215	B	215	205	195	185	175	165	335~410	31	30	29	28	27	26	20	27	拉杆、套圈、垫圈、渗碳零件及焊接件
Q235	A	235	225	215	205	195	185	375~460	26	25	24	23	22	21	—	—	金属结构件，心部强度要求不高的渗碳或氰化零件，拉杆、连杆、吊钩、车钩、螺栓、螺母、套筒、轴及焊接件
Q235	B	235	225	215	205	195	185	375~460	26	25	24	23	22	21	20	27	
Q235	C	235	225	215	205	195	185	375~460	26	25	24	23	22	21	0	27	
Q235	D	235	225	215	205	195	185	375~460	26	25	24	23	22	21	−20	27	
Q255	A	255	245	235	225	215	205	410~510	24	23	22	21	20	19	—	—	转轴、心轴、吊钩、拉杆、摇杆楔等强度要求不高的零件，焊接性尚可
Q255	B	255	245	235	225	215	205	410~510	24	23	22	21	20	19	20	27	
Q275	—	275	265	255	245	235	225	490~610	20	19	18	17	16	15	—	—	

表 13-3 优质碳素结构钢的机械性能（摘自 GB/T 699—1998）

牌号	热处理/℃			试样毛坯尺寸/mm	机械性能				钢材交货状态硬度 HBW 不大于		特性及应用
	正火	淬火	回火		抗拉强度 σ_b	屈服强度 σ_s	伸长率 δ_s	收缩率 ψ	未热处理	退火钢	
					/MPa		/%				
					不小于						
08F	930	—	—	25	295	175	35	60	131	—	这种钢强度不大，而塑性和韧性甚高，有良好的冲压、拉延和弯曲性能，焊接性好。可作塑性好的零件：管子、垫片。心部强度要求不高的渗碳和氰化零件：套筒、短轴、离合器盘
10	930	—	—	25	335	205	31	55	137	—	屈服点和抗拉强度比较值较低，塑性和韧性均高，在冷状态下容易模压成形。一般用作拉杆、卡头、垫片、铆钉。无回火脆性倾向，焊接性甚好，冷拉或正火状态的切削加工性能比退火状态好
15	920	—	—	25	375	225	27	55	143	—	塑性、韧性、焊接性能和冷冲性能均极好，但强度较低。用于受力不大韧性要求较高的零件、渗碳零件、紧固件、冲模锻件及不要求热处理的低负荷零件，如螺栓、螺钉、拉条、法兰盘，以及化工容器、蒸汽锅炉
20	910	—	—	25	410	245	25	55	156	—	冷变形塑性高，一般供弯曲、压延用，为了获得好的深冲压延性能，板材应正火或高温回火；用于不经受很大应力而要求很大韧性的机械零件，如杠杆、轴套、螺钉、起重钩等，还可用于表面硬度高而心部强度要求不大的渗碳于氰化零件
25	900	870	600	25	450	275	23	50	170	—	钢的焊接性及冷应变塑性均高，无回火脆性倾向，用于制造焊接设备，以及经锻造、热冲压和机械加工的不受高应力的零件如轴、辊子连接器、垫圈、螺栓、螺钉、螺母

续表

牌号	热处理/℃			试样毛坯尺寸/mm	机械性能				钢材交货状态硬度HBW 不大于		特性及应用
	正火	淬火	回火		抗拉强度 σ_b /MPa 不小于	屈服强度 σ_s	伸长率 δ_s /% 不小于	收缩率 ψ	未热处理	退火钢	
30	880	860	600	25	490	295	21	50	179	—	截面尺寸不大时，淬火并回火后呈索氏体组织，从而获得良好的强度和韧性的综合性能。用于制造螺钉、拉杆、轴、套筒、机座
35	870	850	600	25	530	315	20	45	197	—	有好的塑性和适当的强度，多在正火和调质状态下使用。焊接性能尚可，但焊前要预热，焊后回火处理，一般不作焊接。用于制造曲轴、杠杆、连杆、圆盘、套筒、钩环、飞轮、机身、法兰、螺栓、螺母
40	860	840	600	25	570	335	19	45	217	187	有较高的强度，加工性良好，冷变形时塑性中等，焊接性差，焊接前须预热，焊后应热处理，多在正火和调质状态下使用，用于制造辊子、轴、曲柄销、活塞杆等
45	850	840	600	25	600	355	16	40	229	197	强度较高，塑性和韧性尚好，用于制作承受负荷较大的小截面调质件和应力较小的大型正火零件，以及对心部强度要求不高的表面淬火零件，如曲轴、传动轴、齿轮、蜗杆、键、销等。水淬时有形成裂纹的倾向，形状复杂的零件应在热水或油中淬火
50	830	830	600	25	630	375	14	40	241	207	强度较高，塑性和韧性较差、切削性中等，焊接性差，水淬时有形成裂纹的倾向。一般正火，调质状态下使用，用作要求较高强度、耐磨性或弹性、动载荷及冲击负荷不大的零件，如齿轮、轧辊、机床主轴、连杆、次要弹簧等

续表

牌号	热处理/℃			试样毛坯尺寸/mm	机械性能				钢材交货状态硬度 HBW 不大于		特性及应用
	正火	淬火	回火		抗拉强度 σ_b /MPa	屈服强度 σ_s	伸长率 δ_s /%	收缩率 ψ	未热处理	退火钢	
					不小于						
55	820	820	600	25	645	380	13	35	255	217	强度较高，塑性和韧性较差，切削性中等，焊接性差，水淬时有形成裂纹的倾向。一般正火，调质状态下使用，用作要求较高强度、耐磨性或弹性、动载荷及冲击负荷不大的零件，如齿轮、轧辊、机床主轴、连杆、次要弹簧等
20Mn	910	—	—	25	450	275	24	50	197	—	是高锰低碳渗碳钢，性能与15号钢相似，但淬透性、强度和塑性比15号钢高。用以制造心部机械性能要求高的渗碳零件，如凸轮轴、齿轮、联轴器等，焊接性尚可
25Mn	900	870	600	25	490	295	22	50	207	—	是高锰低碳渗碳钢，性能与15号钢相似，但淬透性、强度和塑性比15号钢高。用以制造心部机械性能要求高的渗碳零件，如凸轮轴、齿轮、联轴器等，焊接性尚可
30Mn	880	860	600	25	540	315	20	45	217	187	强度与淬透性比相应的碳钢高，冷变形时塑性尚好，切削加工性良好，有回火脆性倾向，锻后要立即回火，一般在正火状态下使用。用以制造螺栓、螺母、杠杆、转轴、心轴等
35Mn	870	850	600	25	560	335	19	45	229	197	强度与淬透性比相应的碳钢高，冷变形时塑性尚好，切削加工性良好，有回火脆性倾向，锻后要立即回火，一般在正火状态下使用。用以制造螺栓、螺母、杠杆、转轴、心轴等

续表

牌号	热处理/℃			试样毛坯尺寸/mm	机械性能				钢材交货状态硬度 HBW 不大于		特性及应用
	正火	淬火	回火		抗拉强度 σ_b	屈服强度 σ_s	伸长率 δ_s	收缩率 ψ	未热处理	退火钢	
					/MPa		/%				
					不小于						
40M	860	840	600	25	590	355	17	45	229	207	可在正火状态下应用，也可在淬火与回火状态下应用。切削加工性好，冷变形时塑性中等，焊接性不良。用以制造承受疲劳载荷的零件，如轴辊子及高应力下工作的螺钉、螺母等
45Mn	850	840	600	25	620	375	15	40	241	217	用作受磨损的零件，转轴、心轴、齿轮、啮合杆、螺栓、螺母，还可做离合器盘、花键轴、万向节、凸轮轴、曲轴、汽车后轴、底角螺栓等。焊接性较差
50Mn	830	830	600	25	620	390	13	40	255	217	弹性、强度、硬度均高，多在淬火与回火后应用，在某些情况下也可在正火后应用，焊接性差。用于制造耐磨性要求很高、在高负荷作用下的热处理零件，如齿轮、齿轮轴、摩擦盘和截面在80 mm以下的心轴等
60Mn	810	—	—	25	695	410	11	35	269	229	强度较高，淬透性较碳素弹簧钢好，脱碳倾向小，但有过热敏感性，易产生淬火裂纹，并有回火脆性。适于制造螺旋弹簧、板簧，各种扁、圆弹簧，弹簧环、片，以及冷拔钢丝（≤7 mm）和发条

表13-4 常用合金钢的机械性能（摘自 GB/T 3077—1999）

牌号	热处理/℃				试样毛坯尺寸/mm	机械性能				钢材退火或高温回火状态硬度HB	特性及应用
	淬火	淬火介质	淬透性	回火		抗拉强度 σ_b /MPa	屈服强度 σ_s /MPa	伸长率 δ_s /%	收缩率 ψ /%		
						不小于				不大于	
20Mn2	850	油	低	200	15	785	590	10	40	187	截面小时与20Cr相当，用于做渗碳小齿轮、小轴、活塞销、钢套等
20Cr	880	油、水	低	200	15	835	540	10	40	179	用于要求心部强度较高，能承受磨损、尺寸较大的渗碳零件，如齿轮、小轴、凸轮、活塞销等，也可用于速度较大受中等冲击的调质零件
20MnV	880	油、水	低	200	15	785	590	10	40	187	用于要求心部强度较高，能承受磨损、尺寸较大的渗碳零件，如齿轮、小轴、凸轮、活塞销等，也用作锅炉、高压容器管道等
20CrV	800	油、水	低	200	15	895	590	12	45	197	用于齿轮、小轴、顶杆、活塞销、耐热垫圈等
20CrMn	870	油	中	200	15	930	735	10	45	187	齿轮、轴、蜗杆、活塞销、摩擦轮等
20CrMnTi	880	油	中	200	15	1 080	850	10	45	217	齿轮、轴、蜗杆、活塞销、摩擦轮等
20Mn2TiB	860	油	中	200	15	1 150	950	10	45	187	汽车、拖拉机上的变速箱齿轮可代20CrMnTi
20SiMnVB	800	油	中	200	15	1 175	980	10	45	207	汽车、拖拉机上的变速箱齿轮可代20CrMnTi
18Cr2Ni4WA	850	空气	高	200	15	1 175	835	10	45	269	大型渗碳齿轮和轴类零件等
20Cr2Ni4A	780	油	高	200	15	1 180	835	8	35	269	大型渗碳齿轮和轴类零件等
15CrMn2SiMo	860	油	高	200	15	1 200	900	10	45	269	大型渗碳齿轮、飞机齿轮等

表 13-5　一般工程用铸钢的成分及机械性能（摘自 GB/T 11352—1989）

钢号	旧钢号	化学成分×100			机械性能				特性及应用
		$w(C)$/%	$w(Mn)$/%	$w(Si)$/%	σ_s/MPa	σ_b/MPa	δ_s/%	Ψ/%	
ZG200~ZG400	ZG15	0.12~0.22	0.35~0.65	0.20~0.45	200	400	25	40	机座、变速箱壳
ZG230~ZG450	ZG25	0.22~0.32	0.50~0.80	0.20~0.45	240	450	20	32	机座、锤轮、箱体
ZG270~ZG500	ZG35	0.32~0.42	0.50~0.80	0.20~0.45	280	500	16	25	飞轮、机架、蒸汽锤、水压机、工作缸、横梁
ZG310~ZG570	ZG45	0.42~0.52	0.50~0.80	0.20~0.45	320	580	12	20	联轴器、汽缸、齿轮、齿轮圈
ZG340~Z0540	ZG55	0.52~0.62	0.50~0.80	0.20~0.45	350	650	10	18	起重运输机中齿轮、联轴器及重要的机件

表 13-6　灰铸铁（摘自 GB/T 9439—1988）

牌号	铸件厚度/mm	最小抗拉强度 σ_b/MPa	显微组织		特性及应用
			基体	粗片	
HT100	2.5~10	130	F+P（少）	粗片	机床中受轻负荷，磨损无关紧要的铸件，如托盘、盖、罩、手轮、把手、重锤等形状简单且性能要求不高的零件；冶金矿山设备中的高炉平衡锤、炼钢炉重锤、钢锭模
HT100	10~20	100	F+P（少）	粗片	
HT100	20~30	90	F+P（少）	粗片	
HT100	30~50	80	F+P（少）	粗片	
HT150	2.5~10	175	F+P	较粗片	承受中等弯曲应力，摩擦面间压强高于500 kPa 的铸件，如多数机床的底座，有相对运动和磨损的零件。如溜板、工作台等，汽车中的变速箱、排气管、进气管等。拖拉机中的配气轮室盖、液压泵进、出油管、鼓风机底座、后盖板、高炉冷却壁、热风炉箅，流渣槽，渣缸，炼焦炉保护板，轧钢机托辊，夹板，加热炉盖、冷却头，内燃机车水泵壳，止回阀体，阀盖、吊车阀轮、泵体、电机轴承盖、汽轮机操纵座外壳，缓冲器外壳
HT150	10~20	145	F+P	较粗片	
HT150	20~30	130	F+P	较粗片	
HT150	30~50	120	F+P	较粗片	

续表

牌号	铸件厚度/mm	最小抗拉强度 σ_b/MPa	显微组织 基体	显微组织 粗片	特性及应用
HT200	2.5~10	220	P	中等片	承受较大弯曲应力,要求保持气密性的铸件,如机床立柱、刀架、齿轮箱体、多数机床床身、滑板、箱体、油缸、泵体、阀体、刹车毂、飞轮、汽缸盖、分离器本体、左右半轴壳、鼓风机座、皮带轮、轴承座、叶轮、压缩机机身、轴承架、冷却器盖板、炼钢浇注平台、煤气喷嘴、真空过滤器销气盘、喉管、内燃机车风缸体、阀套、汽轮机、汽缸中部、隔板套前轴承座主体、中机架、电机接力器缸、活塞、导水套筒、前缸盖
HT200	10~20	195	P	中等片	
HT200	20~30	170	P	中等片	
HT200	30~50	160	P	中等片	
HT250	4~10	270	细珠光体	较细片	炼钢用轨道板、汽缸套、齿轮、机床立柱、齿轮箱体、机床床身、磨床转体、油缸泵体、阀体
HT250	10~20	240	细珠光体	较细片	
HT250	20~30	220	细珠光体	较细片	
HT250	30~50	200	细珠光体	较细片	
HT300	10~20	290	索氏体或屈氏体	细小片	齿轮、凸轮、车床卡盘、剪床、压力机的机身、导板、自动车床及其他重载荷机床的床身;高压液压筒、液压泵和滑阀的体壳等
HT300	20~30	250	索氏体或屈氏体	细小片	
HT300	30~50	230	索氏体或屈氏体	细小片	
HT350	10~20	340	索氏体或屈氏体	细小片	轧钢滑板、辊子、炼焦柱塞、圆筒混合机齿圈、支承轮座、挡轮座等
HT350	20~30	290	索氏体或屈氏体	细小片	
HT350	30~50	260	索氏体或屈氏体	细小片	

表13-7 球墨铸铁的牌号和机械性能(摘自 GB/T 1348—1998)

牌号	基体	机械性能 抗拉强度 σ_b MPa	机械性能 屈服强度 $\sigma_{0.2}$ MPa	机械性能 伸长率 δ/%	机械性能 布氏硬度 HBW	特性与应用
QT400-15	铁素体	400	250	18	130~180	有较好的塑性与韧性,焊接性与切削性也较好,用于制造农机具、犁铧、收割机、割草机等;汽车、拖拉机的轮毂、驱动桥客体、离合器壳、差速器壳等;1.6~6.5MPa阀门的阀体、阀盖、压缩机汽缸、铁路钢轨垫板、电动机壳、齿轮箱等
QT400-18	铁素体	400	250	15	130~180	
QT450-10	铁素体	450	310	10	160~210	

续表

牌号	基体	机械性能				特性与应用
		抗拉强度 σ_b	屈服强度 $\sigma_{0.2}$	伸长率 $\delta/\%$	布氏硬度 HBW	
		MPa	MPa			
QT500-7	铁素体+球光体	150	320	7	170~230	强度与塑性中等，用于制造内燃机油泵齿轮、汽轮机中温汽缸隔板、机车车辆轴瓦、飞轮等
QT600-3	球光体	600	370	3	190~270	强度和耐磨性较好，塑性与韧性较低，用于制造内燃机的曲轴、凸轮轴、连杆等；农机具轻负荷齿轮等；部分磨床、铣床、车床的主轴；空压机、冷冻机、制氧机、泵的曲轴、缸体、缸套等；球磨机齿轮、各种车轮、滚轮、小型水轮机主轴等。
QT700-2		700	420	2	225~305	
QT800-2		800	480	2	245~335	
QT900-2	下贝氏体	900	600	2	280~360	有高的强度和耐磨性，用于内燃机曲轴、凸轮轴，汽车上的圆锥齿轮、转向节、传动轴，拖拉机上减速齿轮

14 公差配合与表面粗糙度

14.1 公差与配合

公差与配合的标准见表 14-1 ~ 表 14-4。

表 14-1 标准公差数值（GB/T 1800.3—1998）

μm

基本尺寸/mm	公差等级																	
	IT1	IT2	IT3	IT4	IT5	IT6	IT7	IT8	IT9	IT10	IT11	IT12	IT13	IT14	IT15	IT16	IT17	IT18
≤3	0.8	1.2	2	3	4	6	10	14	25	40	60	100	140	250	400	600	1 000	1 400
>3 ~ 6	1	1.5	2.5	4	5	8	12	18	30	48	75	120	180	300	480	750	1 200	1 800
>6 ~ 10	1	1.5	2.5	4	6	9	15	22	36	58	90	150	220	360	580	900	1 500	2 200
>10 ~ 18	1.2	2	3	5	8	11	18	27	43	70	110	180	270	430	700	1 100	1 800	2 700
>18 ~ 30	1.5	2.5	4	6	9	13	21	33	52	84	130	210	330	520	840	1 300	2 100	3 300
>30 ~ 50	1.5	2.5	4	7	11	16	25	39	62	100	160	250	390	620	1 000	1 600	2 500	3 900
>50 ~ 80	2	3	5	8	13	19	30	46	74	120	190	300	460	740	1 200	1 900	3 000	4 600
>80 ~ 120	2.5	4	6	10	15	22	35	54	87	140	220	350	540	870	1 400	2 200	3 500	5 400
>120 ~ 180	3.5	5	8	12	18	25	40	63	100	160	250	400	630	1 000	1 600	2 500	4 000	6 300
>180 ~ 250	4.5	7	10	14	20	29	46	72	115	185	290	460	720	1 150	1 850	2 900	4 600	7 200
>250 ~ 315	6	8	12	16	23	32	52	81	130	210	320	520	810	1 300	2 100	3 200	5 200	8 100
>315 ~ 400	7	9	13	18	25	36	57	89	140	230	360	570	890	1 400	2 300	3 600	5 700	8 900
>400 ~ 500	8	10	15	20	27	40	63	97	155	250	400	630	970	1 550	2 500	4 000	6 300	9 700

注：IT 表示标准公差，公差等级为 IT01、IT0、IT1 ~ IT18 共 20 级。

表 14-2 公差等级与加工方法的关系

加工方法	公差等级（IT）												
	4	5	6	7	8	9	10	11	12	13	14	15	16
研磨	--------	--------	--------										
圆磨、平磨		--------	--------	--------	--------								

续表

加工方法	公差等级（IT）												
	4	5	6	7	8	9	10	11	12	13	14	15	16
拉销		-------	-------	-------									
铰孔			-------	-------	-------	-------	-------						
车、镗				-------	-------	-------	-------	-------					
铣					-------	-------	-------	-------					
刨、插							-------	-------	-------	-------			
钻孔							-------	-------	-------	-------			
冲压							-------	-------	-------	-------	-------	-------	
砂型铸造、气割													—
锻造											—		

表 14-3 孔的极限偏差值（摘自 GB/T 1800.4—1999）

μm

公差带	等级	基本尺寸/mm							
		>10~18	>18~30	>30~50	>50~80	>80~120	>120~180	>180~250	>250~315
D	7	+68 +50	+86 +65	+105 +80	+130 +100	+155 +120	+185 +145	+216 +170	+242 +190
	8	+77 +50	+98 +65	+119 +80	+146 +100	+174 +120	+208 +145	+242 +170	+271 +190
	9	+93 +50	+117 +65	+142 +80	+174 +100	+207 +120	+245 +145	+285 +170	+320 +190
	10	+120 +50	+149 +65	+180 +80	+220 +100	+260 +120	+305 +145	+355 +170	+400 +190
	11	+160 +50	+195 +65	+240 +80	+290 +100	+340 +120	+395 +145	+460 +170	+510 +190
E	6	+43 +32	+53 +40	+66 +50	+79 +60	+94 +72	+110 +85	+129 +100	+142 +110
	7	+50 +32	+61 +40	+75 +50	+90 +60	+107 +72	+125 +85	+146 +100	+162 +110
	8	+59 +32	+73 +40	+89 +50	+106 +60	+126 +72	+148 +85	+172 +100	+191 +110
	9	+75 +32	+92 +40	+112 +50	+134 +60	+159 +72	+185 +85	+215 +100	+240 +110
	10	+102 +32	+124 +40	+150 +50	+180 +60	+212 +72	+245 +85	+285 +100	+320 +110

续表

公差带	等级	基本尺寸/mm							
		>10~18	>18~30	>30~50	>50~80	>80~120	>120~180	>180~250	>250~315
F	6	+27 +16	+33 +20	+41 +25	+49 +30	+58 +36	+68 +43	+79 +50	+88 +56
	7	+34 +16	+41 +20	+50 +25	+60 +30	+71 +36	+83 +43	+96 +50	+108 +56
	8	+43 +16	+53 +20	+64 +25	+76 +30	+90 +36	+106 +43	+122 +50	+137 +56
	9	+59 +16	+72 +20	+87 +25	+104 +30	+123 +36	+143 +43	+165 +50	+186 +56
H	5	+8 0	+9 0	+11 0	+13 0	+15 0	+18 0	+20 0	+23 0
	6	+11 0	+13 0	+16 0	+19 0	+22 0	+25 0	+29 0	+32 0
	7	+18 0	+21 0	+25 0	+30 0	+35 0	+40 0	+46 0	+52 0
	8	+27 0	+33 0	+39 0	+46 0	+54 0	+63 0	+72 0	+81 0
	9	+43 0	+52 0	+62 0	+74 0	+87 0	+100 0	+115 0	+130 0
	10	+70 0	+84 0	+100 0	+120 0	+140 0	+160 0	+185 0	+210 0
	11	+110 0	+130 0	+160 0	+190 0	+220 0	+250 0	+290 0	+320 0
JS	6	±5.5	±6.5	±8	±9.5	±11	±12.5	±14.5	±16
	7	±9	±10	±12	±15	±17	±20	±23	±26
	8	±13	±16	±19	±23	±27	±31	±36	±40
	9	±21	±26	±31	±37	±43	±50	±57	±65
N	7	−5 −23	−7 −28	−8 −33	−9 −10	−10 −45	−12 −52	−14 −60	−14 −66
	8	−3 −30	−3 −36	−3 −42	−4 −50	−4 −58	−4 −67	−5 −77	−5 −86
	9	0 −43	0 −52	0 −62	0 −74	0 −87	0 −100	0 −115	0 −130
	10	0 −70	0 −84	0 −100	0 −120	0 −140	0 −160	0 −185	0 −210
	11	0 −110	0 −130	0 −160	0 −190	0 −220	0 −250	0 −290	0 −320

表 14-4 轴的极限偏差值（摘自 GB/T 1800.4—1999）

μm

公差带	等级	基本尺寸/mm													
		>10~18	>18~30	>30~50	>50~65	>65~80	>80~100	>100~120	>120~140	>140~160	>160~180	>180~200	>200~225	>225~250	>250~280	>280~315
d	6	-50 -66	-65 -78	-80 -96	-100 -119		-120 -142		-145 -170			-170 -199			-190 -222	
d	7	-50 -68	-65 -86	-80 -105	-100 -130		-120 -155		-145 -185			-170 -216			-190 -242	
d	8	-50 -77	-65 -98	-80 -119	-100 -146		-120 -174		-145 -208			-170 -242			-190 -271	
d	9	-50 -93	-65 -117	-80 -142	-100 -174		-120 -207		-145 -245			-170 -285			-190 -320	
d	10	-50 -120	-65 -149	-80 -180	-100 -220		-120 -260		-145 -305			-170 -355			-190 -440	
d	11	-50 -160	-65 -195	-80 -240	-100 -290		-120 -340		-145 -395			-170 -460			-190 -510	
f	7	-16 -34	-20 -41	-25 -50	-30 -60		-36 -71		-43 -83			-50 -96			-56 -108	
f	8	-16 -43	-20 -53	-25 -64	-30 -76		-36 -90		-43 -106			-50 -122			-56 -137	
f	9	-16 -59	-20 -72	-25 -87	-30 -104		-36 -123		-43 -143			-50 -165			-56 -186	
g	5	-6 -14	-7 -16	-9 -20	-10 -23		-12 -27		-14 -32			-15 -35			-17 -40	
g	6	-6 -17	-7 -20	-9 -25	-10 -29		-12 -34		-14 -39			-15 -44			-17 -49	
g	7	-6 -24	-7 -28	-9 -34	-10 -40		-12 -47		-14 -54			-15 -61			-17 -69	
h	5	0 -8	0 -9	0 -11	0 -13		0 -15		0 -18			0 -20			0 -23	
h	6	0 -11	0 -13	0 -16	0 -19		0 -22		0 -25			0 -29			0 -32	
h	7	0 -18	0 -21	0 -25	0 -30		0 -35		0 -40			0 -46			0 -52	
h	8	0 -27	0 -33	0 -39	0 -46		0 -54		0 -63			0 -72			0 -81	
h	9	0 -43	0 -52	0 -62	0 -74		0 -87		0 -100			0 -115			0 -130	
h	10	0 -70	0 -84	0 -100	0 -120		0 -140		0 -160			0 -185			0 -210	
h	11	0 -110	0 -130	0 -160	0 -190		0 -220		0 -250			0 -290			0 -320	

续表

公差带	等级	基本尺寸/mm												
		>10~18	>18~30	>30~50	>50~65	>65~80	>80~100	>100~120	>120~140	>140~160	>160~180	>180~200	>200~225	>225~250	>250~280	>280~315
js	5	±4	±4.5	±5.5	±6.5		±7.5		±9			±10			±11.5	
	6	±5.5	±6.5	±8	±9.5		±11		±12.5			±14.5			±16	
	7	±9	±10	±12	±15		±17		±20			±23			±26	
k	5	+9 +1	+11 +2	+13 +2	+15 +2		+18 +3		+21 +3			+24 +4			+27 +4	
	6	+12 +1	+15 +2	+18 +2	+21 +2		+25 +3		+28 +3			+33 +4			+36 +4	
	7	+19 +1	+23 +2	+27 +2	+32 +2		+38 +3		+43 +3			+50 +4			+56 +4	
m	5	+15 +7	+17 +8	+20 +9	+24 +11		+28 +13		+33 +15			+37 +17			+34 +20	
	6	+18 +7	+21 +8	+25 +9	+30 +11		+35 +13		+40 +15			+46 +17			+52 +20	
	7	+25 +7	+29 +8	+34 +9	+41 +11		+48 +13		+55 +15			+63 +17			+72 +20	
n	5	+20 +12	+24 +15	+28 +17	+33 +20		+38 +23		+45 +27			+51 +31			+57 +34	
	6	+23 +12	+28 +15	+33 +17	+39 +20		+45 +23		+52 +27			+60 +31			+66 +34	
	7	+30 +12	+36 +15	+42 +17	+50 +20		+58 +23		+67 +27			+77 +31			+86 +34	
p	5	+26 +18	+31 +22	+37 +26	+45 +32		+52 +37		+61 +43			+70 +50			+79 +56	
	6	+29 +18	+35 +22	+42 +26	+51 +32		+59 +37		+63 +43			+79 +50			+88 +56	
	7	+36 +18	+43 +22	+51 +26	+62 +32		+72 +37		+83 +43			+96 +50			+108 +56	
r	5	+31 +23	+37 +28	+45 +34	+54 +41	+56 +43	+66 +51	+69 +54	+81 +63	+83 +65	+86 +68	+97 +77	+100 +80	+104 +84	+117 +94	+121 +98
	6	+34 +23	+41 +28	+50 +34	+60 +41	+62 +43	+73 +51	+76 +54	+88 +63	+90 +65	+93 +68	+106 +77	+109 +80	+113 +84	+126 +94	+130 +98
	7	+41 +23	+49 +28	+59 +34	+71 +41	+73 +43	+86 +51	+89 +54	+103 +63	+105 +65	+108 +68	+123 +77	+126 +80	+130 +84	+146 +94	+150 +98

14.2 形状与位置公差

形状与位置公差见表14-5和表14-6。

表14-5 圆度、圆柱度公差（GB/T 1184—1996）

主参数 $d(D)$/mm	公差等级								
	4	5	6	7	8	9	10	11	12
	公差值/μm								
≤3	0.8	1.2	2	3	4	6	10	14	25
>3~6	1	1.5	2.5	4	5	8	12	18	30
>6~10	1	1.5	2.5	4	6	9	15	22	36
>10~18	1.2	2	3	5	8	11	18	27	43
>18~30	1.5	2.5	4	6	9	13	21	33	52
>30~50	1.5	2.5	4	7	11	16	25	39	62
>50~80	2	3	5	8	13	19	30	46	74
>80~120	2.5	4	6	10	15	22	35	54	87
>120~180	3.5	5	8	12	18	25	40	63	100
>180~250	4.5	7	10	14	20	29	46	72	115
>250~315	6	8	12	16	23	32	52	81	130
>315~400	7	9	13	18	25	36	57	89	140
应用举例	安装P6，P0级滚动轴承的配合面，中等压力下的液压装置工作面（包括泵、压缩机的活塞和汽缸），风动绞车曲轴，通用减速器轴颈，一般机床主轴				发动机的胀圈、活塞销及连杆中装衬套的孔等，千斤顶或压力油缸活塞，水泵及减速器轴颈，液压传动系统的分配机构，拖拉机汽缸体与汽缸套配合面，炼胶机冷铸轧辊			超重机、卷扬机用的滑动轴承，带软密封的低压泵的活塞和汽缸，通用机械杠杆与拉杆、拖拉机的活塞环与套筒孔		

表 14-6 同轴度、对称度、圆跳动和全跳动公差（GB/T 1184—1996）

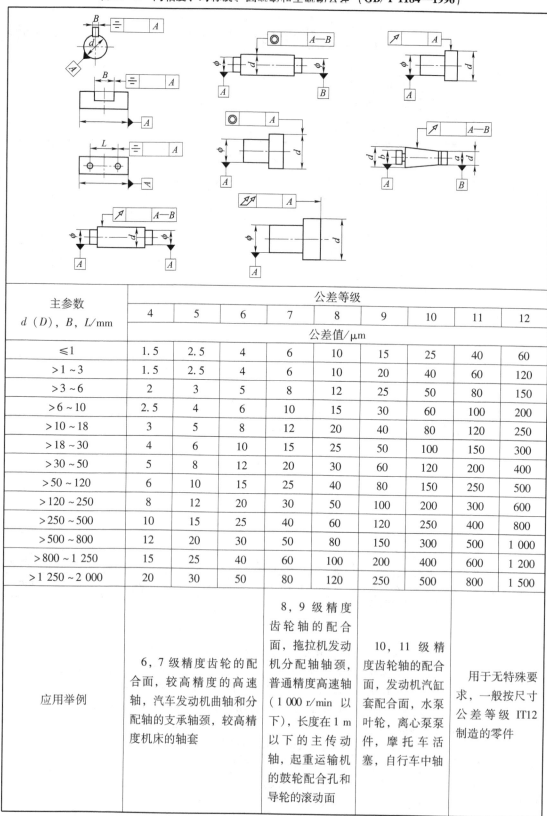

主参数 $d(D)$、B、L/mm	公差等级							
	4	5	6	7	8	9	10	11	12
	公差值/μm							
≤1	1.5	2.5	4	6	10	15	25	40	60
>1~3	1.5	2.5	4	6	10	20	40	60	120
>3~6	2	3	5	8	12	25	50	80	150
>6~10	2.5	4	6	10	15	30	60	100	200
>10~18	3	5	8	12	20	40	80	120	250
>18~30	4	6	10	15	25	50	100	150	300
>30~50	5	8	12	20	30	60	120	200	400
>50~120	6	10	15	25	40	80	150	250	500
>120~250	8	12	20	30	50	100	200	300	600
>250~500	10	15	25	40	60	120	250	400	800
>500~800	12	20	30	50	80	150	300	500	1 000
>800~1 250	15	25	40	60	100	200	400	600	1 200
>1 250~2 000	20	30	50	80	120	250	500	800	1 500
应用举例			6,7级精度齿轮的配合面，较高精度的高速轴，汽车发动机曲轴和分配轴的支承轴颈，较高精度机床的轴套		8,9级精度齿轮轴的配合面，拖拉机发动机分配轴轴颈，普通精度高速轴（1 000 r/min 以下），长度在1 m以下的主传动轴，起重运输机的鼓轮配合孔和导轮的滚动面		10,11级精度齿轮轴的配合面，发动机汽缸套配合面，水泵叶轮，离心泵泵件，摩托车活塞，自行车中轴		用于无特殊要求，一般按尺寸公差等级IT12制造的零件

14.3 表面粗糙度

表面粗糙度标准见表14-7~表14-10。

表14-7 表面粗糙度主要评定参数 Ra, Rz（GB/T 1031—1995）

μm

Ra					Rz					
	0.012	0.2	3.2	50		0.025	0.4	6.3	100	1 600
	0.025	0.4	6.3	100		0.05	0.8	12.5	200	—
	0.05	0.8	12.5	—		0.1	1.6	25	400	—
	0.1	1.6	25	—		0.2	3.2	50	800	—

注：在表面粗糙度参数常用的参数范围内（Ra 为6.3~0.025 μm，Rz 为25~0.1 μm），推荐优先使用 Ra。

表14-8 表面粗糙度主要评定参数 Ra, Rz 的补充数值系列（GB/T 1031—1995）

μm

Ra					Rz					
	0.008	0.08	1	10		0.032	0.32	4	40	500
	0.01	0.125	1.25	16		0.04	0.5	5	63	1 000
	0.016	0.16	2	20		0.063	0.63	8	80	1 250
	0.02	0.25	2.5	32		0.08	1	10	125	—
	0.032	0.32	4	40		0.125	1.25	16	160	—
	0.04	0.5	5	63		0.16	2	20	250	—
	0.063	0.63	8	80		0.25	2.5	32	320	—

表14-9 典型零件表面粗糙度的选择

表面特性	部位	表面粗糙度 Ra 数值不大于/μm		
键与键槽	工作表面	6.3		
	非工作表面	12.5		
齿轮		齿轮的精度		
		7	8	9
	齿面	0.8	1.6	3.2
	外圆	1.6~3.2		3.2~6.3
	端面	0.8~3.2		3.2~6.3
滚动轴承配合面	轴式座孔直径/mm	轴或外壳配合表面直径公差等级		
		IT5	IT6	IT7
	≤80	0.4~0.8	0.8~1.6	1.6~3.2
	>80~500	0.8~1.6	1.6~3.2	1.6~3.2
	端面	1.6~3.2	3.2~6.3	

续表

表面特性	部位	表面粗糙度 Ra 数值不大于 /μm		
传动件、联轴器等轮毂与轴的配合表面	轴	1.6 ~ 3.2		
	轮毂			
轴端面、倒角、螺栓孔等非配合表面		12.5 ~ 25		
轴密封处的表面	毡圈式	橡胶密封式		油沟及迷宫式
	与轴接触处的圆周速度 / (m·s^{-1})			1.6 ~ 3.2
	≤3	>3 ~ 5	>5 ~ 10	
	0.8 ~ 1.6	0.4 ~ 0.8	0.2 ~ 0.4	

表 14-10 表面粗糙度与加工方法的关系

Ra/μm	加工方法	应用举例
50	粗车、粗铣、粗刨、钻孔等	不重要零件的配合表面，如支柱、支架、外壳、衬套、轴盖等的端面。紧固件的自由表面，紧固件通孔的表面，内、外花键的非定心表面，不作为计量基准的齿轮顶圈圆表面等
25		
12.5		
6.3	精车、精铣、精刨、铰钻等	较重要的接触面、转动和滑动速度不高的配合和接触面，如轴套、齿轮端面、键及键槽工作面
3.2		
1.6		
0.8	精铰、磨削、抛光等	要求较高的接触面、转动和滑动速度较高的配合和接触面，如齿轮工作面、导轨表面、主轴轴颈表面
0.4		
0.2		
0.1	研磨、超精密加工等	要求密封性能较好的表面、转动和滑动速度极高的配合和接触面，如精密量具表面、汽缸内表面、活塞环表面及精密机床主轴轴颈表面
0.05		
0.025		
0.012		
0.008		

15 联轴器和离合器

15.1 联轴器

15.1.1 联轴器轴孔和键槽形式

联轴器轴孔和键槽形式的相关标准见表 15-1、表 15-2。

表 15-1 轴孔和键槽的形式、代号及系列尺寸
（摘自 GB/T 3852—1997）

	长圆柱形轴孔 （Y型）	有沉孔的短圆柱 形轴孔（J型）	无沉孔的短圆柱 形轴孔（J_1型）	有沉孔的长圆 锥形轴孔（Z型）
轴孔				
键槽	A型 B型		b, t 尺寸见 GB/T 1095—2003	C型

续表

直径	轴孔长度			沉孔		C 型键槽			直径	轴孔长度			沉孔		C 型键槽	
						轴孔和 C 型键槽的尺寸/mm										
d, d_z	L		L_1	d_1	R	b	t_2		d, d_z	L		L_1	d_1	R	b	t_2（长系列）
	长系列	短系列					公称尺寸	极限偏差		Y 型	J, J_1, Z 型					公称尺寸	极限偏差
16	42	30	42	38	1.5	3	8.7	±0.1	55	112	84	112	95	14		29.2	
18							10.1		56							29.7	
19						4	10.6		60							31.7	
20							10.9		63				105	16	2.5	32.2	
22	52	38	52				11.9		65	142	107	142				34.2	
24							13.4		70							36.8	
25	62	44	62	48		5	13.7		71				120	18		37.3	
28							15.2		75							39.3	
30	82	60	82	55			15.8		80	172	132	172	140	20		41.6	±0.2
32							17.3		85							44.1	
35						6	18.8		90				160	22		47.1	
38							20.3		95						3	49.6	
40	112	84	112	65	2	10	21.2		100	212	167	212	180	25		51.3	
42							22.2		110							56.3	
45							223.7	±0.2	120				210	28		62.3	
48				80		12	25.2		125						4	64.8	
40				95			26.2		130	252	202	252	235			66.4	

表 15-2 轴孔与轴伸的配合、键槽宽度的极限偏差

d, d_z/mm	圆柱形轴孔与轴伸的配合		同锥形轴孔的直径偏差	键槽宽度 b 的极限偏差
6~30	H7/j6	根据使用要求也可选用 H7/p6 和 H7/r6	H8（圆锥角度及圆锥形状公差应小于直径公差）	P9（或 JS9）
>30~50	H7/k6			
>50	H7/m6			

注：无沉孔的圆锥形轴孔（Z1 型和 B1 型、D 型键槽尺寸，详见 GB/T 3852—1997）。

15.1.2 联轴器

联轴器相关标准见表 15-3~表 15-7。

表 15-3 凸缘联轴器（摘自 GB/T 5843—2003）

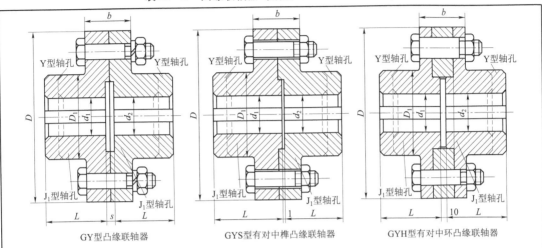

GY 型凸缘联轴器　　GYS 型有对中榫凸缘联轴器　　GYH 型有对中环凸缘联轴器

标记示例：GY5 凸缘联轴器 $\dfrac{Y30 \times 82}{J_1 30 \times 60}$ GB/T 5843—2003

主动端：Y 型轴孔，A 型键槽，$d_1 = 30$ mm，$L = 82$ mm；

从动端：J_1 型轴孔，A 型键槽，$d_1 = 30$ mm，$L = 60$ mm。

型号	公称转矩/(N·m)	许用转速/(r·min^{-1})	轴孔直径 d_1，d_2/mm	轴孔长度 Y 型	轴孔长度 J_1 型	D/mm	D_1/mm	b/mm	b_1/mm	s/mm	转动惯量/(kg·m^2)	质量/kg
GY1 GYS1 GYH1	25	12 000	12, 14	32	27	80	30	26	42	6	0.000 8	1.16
			16, 18, 19	42	30							
GY2 GYS2 GYH2	63	10 000	16, 18, 19	42	30	90	40	28	44	6	0.001 5	1.72
			20, 22, 24	52	38							
			25	62	44							
GY3 GYS3 GYH3	112	9 500	20, 22, 24	52	38	100	45	30	46	6	0.002 5	2.38
			25, 28	62	44							
GY4 GYS4 GYH4	224	9 000	25, 28	62	44	105	55	32	48	6	0.003	3.15
			30, 32, 35	82	60							
GY5 GYS5 GYH5	400	8 000	30, 32, 35, 38	82	60	120	68	36	52	8	0.007	5.43
			40, 42	112	84							
GY6 GYS6 GYH6	900	6 800	38	82	60	140	80	40	56	8	0.015	7.59
			40, 42, 45, 48, 50	112	84							
GY7 GYS7 GYH7	1 600	6 000	48, 50, 55, 56	112	84	160	100	40	56	8	0.031	13.1
			60, 63	142	107							
GY8 GYS8 GYH8	3 150	4 800	60, 63, 65, 70, 71, 75	142	107	200	130	50	68	10	0.103	27.5
			80	172	132							

续表

型号	公称转矩/(N·m)	许用转速/(r·min⁻¹)	轴孔直径 d_1, d_2/mm	轴孔长度 Y型	轴孔长度 J_1型	D/mm	D_1/mm	b/mm	b_1/mm	s/mm	转动惯量/(kg·m²)	质量/kg
GY9			75	142	107							
GYS9	6 300	3 600	80, 85, 90, 95	172	132	260	160	66	84	10	0.319	47.8
GYH9			100	212	167							

注：本联轴器不具备径向、轴向和角向的补偿性能，刚性好，传递转矩大，结构简单，工作可靠，维护简便，适用于两轴对中精度良好的一般轴系传动。

表 15-4 带制动轮弹性套柱销联轴器（摘自 GB/T 4323—2002）

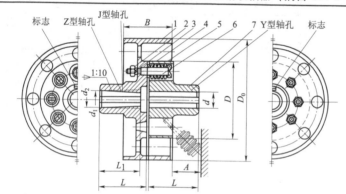

1—制动轮；
2—螺母；
3—弹簧垫圈；
4—挡圈；
5—弹性套；
6—柱销；
7—半联轴器

标记示例：LTZ10 联轴器 $J_1$85×100 GB/T 4323—2002

主动端：J_1 型轴孔，A 型键槽，d = 85 mm，L = 100 mm；

从动端：J_1 型轴孔，A 型键槽，d = 85 mm，L = 100 mm

型号	公称转矩/(N·mm)	许用转速/(r·min⁻¹)	轴孔直径 d_1, d_2, d_z/mm	轴孔长度/mm Y型 L	轴孔长度/mm J, J_1型 L_1	轴孔长度/mm Z型 L	D_0	D	B	A mm	质量/kg	转动惯量/(kg·m²)	许用补偿量 径向 ΔY/mm	许用补偿量 角向 $\Delta \alpha$
LTZ5	125	3 800	25, 28	62	44	62	200	130	85		13.38	0.041 6		1°30′
			30, 32, 35	82	60	82							0.3	
LTZ6	250	3 000	32, 35, 38	82	60	82	250	160	105	45	21.25	0.105 3		
			40, 42											
LTZ7	500		40, 42, 45, 48	112	84	112		190	132		35.0	0.252 2		1°
LTZ8	710		45, 48, 50, 55, 56				315	224			45.14	0.347		
		2 400	60, 63	142	107	142				65				
LTZ9	1 000		50, 55, 56	112	84	112		250	168		58.67	0.407	0.4	
			60, 63, 65, 70	142	107	142								
LTZ10	2 000	1 900	63, 65, 70, 71, 75	142	107	142	400	315		80	100.3	1.305		
			80, 85, 90, 95	172	132	172								
LTZ11	4 000	1 500	80, 85, 90, 95				500	400	210	100	198.73	4.33		0°30′
			100, 110	212	167	212							0.5	
LTZ12	8 000	1 200	100, 110, 120, 125	212	167	212	630	475	265	130	370.6	12.49		
			130	252	202	252								
LTZ13	16 000	1 000	120, 125	212	167	212	710	600	298	180	641.13	30.48	0.6	
			130, 140, 150	252	202	252								
			160, 170	302	242	302								

注：质量、转动惯量按材料为铸钢。

表 15-5 弹性套柱销联轴器（摘自 GB/T 4323—2002）

mm

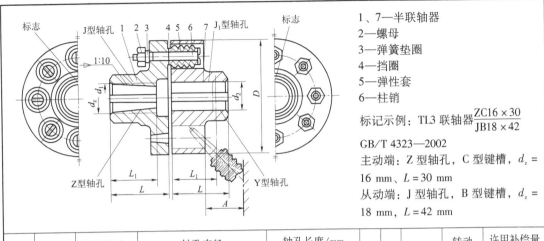

1、7—半联轴器
2—螺母
3—弹簧垫圈
4—挡圈
5—弹性套
6—柱销

标记示例：TL3 联轴器 $\frac{ZC16 \times 30}{JB18 \times 42}$
GB/T 4323—2002
主动端：Z 型轴孔，C 型键槽，$d_z = 16$ mm、$L = 30$ mm
从动端：J 型轴孔，B 型键槽，$d_z = 18$ mm，$L = 42$ mm

型号	公称转矩 /N·m	许用转速/ (r·min^{-1}) 铁	许用转速/ (r·min^{-1}) 钢	轴孔直径 d_1、d_2、d_z mm	轴孔长度/mm Y型 L	轴孔长度/mm J、J$_1$、Z型 L_1	轴孔长度/mm L	D mm	A mm	质量 /kg	转动惯量/ (kg·m^2)	许用补偿量 径向 ΔY/mm	许用补偿量 角向 $\Delta\alpha$
TL1	6.3	6 600	8 800	9	20	14	—	71	18	1.16	0.000 4	0.2	1°30′
				10, 11	25	17							
				12, (14)	32	20							
TL2	16	5 500	7 600	12, 14	42	30	42	80		1.64	0.001		
				16, (18), (19)									
TL3	31.5	4 700	6 300	16, 18, 19	52	38	52	95	35	1.9	0.002		
				20, (22)									
TL4	63	4 200	5 700	20, 22, 24	62	44	62	106		2.3	0.004		
				(25), (28)									
TL5	125	3 600	4 600	25, 28	82	60	82	130		8.36	0.011	0.3	
				30, 32, (35)					45				
TL6	250	3 300	3 800	32, 35, 38				160		10.36	0.026		
				40, (42)									
TL7	500	2 800	3 600	40, 42, 45, (48)	112	84	112	190		15.6	0.06		1°
TL8	710	2 400	3 000	45, 48, 50, 55, (56)	142	107	142	224	65	25.4	0.13		
				(60), (63)									
TL9	1 000	2 100	2 850	50, 55, 56	112	84	112	250		30.9	0.20	0.4	
				60, 63, (65), (70), (71)	142	107	142						
TL10	2 000	1 700	2 300	63, 65, 70, 71, 75				315	80	65.9	0.64		
				80, 85, (90), (95)	172	132	172						
TL11	4 000	1 350	1 800	80, 85, 90, 95				400	100	122.6	2.06		0°30′
				100, 110	212	167	212					0.5	
TL12	8 000	1 100	1 450	100, 110, 120, 125				475	130	218.4	5.00		
				(130)	252	202	252						
TL13	16 000	800	1 150	120, 125	212	167	212	600	180	425.8	16.00		
				130, 140, 150	252	202	252					0.6	
				160, (170)	302	242	302						

注：1. 括号内的值仅适用于钢制联轴器。
2. 短时过载不得超过公称转矩值的 2 倍。
3. 本联轴器具有一定补偿两轴线相对偏移和减振缓冲能力，适用于安装底座刚性好，冲击载荷不大的中、小功率轴系传动，可用于经常正反转，启动频繁的场合，工作温度为 -20 ℃ ~ +70 ℃。

表 15-6 弹性柱销联轴器（摘自 GB/T 5014—2003）

mm

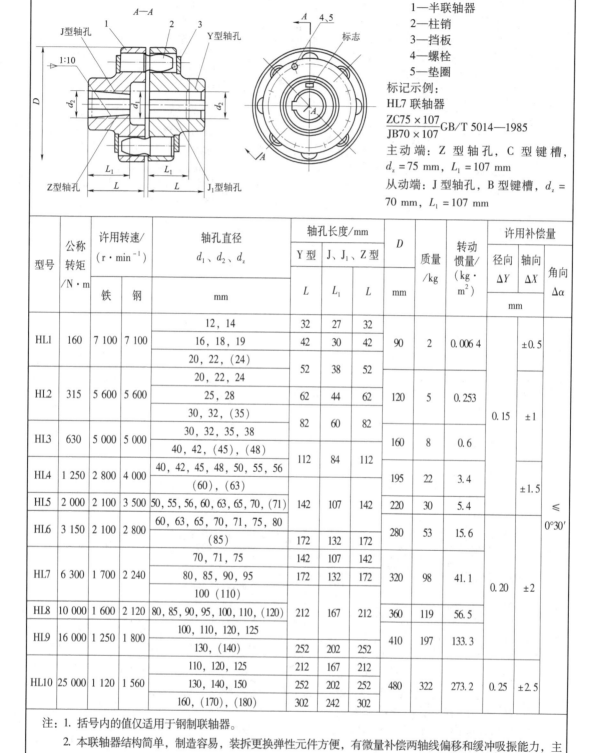

1—半联轴器
2—柱销
3—挡板
4—螺栓
5—垫圈

标记示例：
HL7 联轴器
$\dfrac{ZC75×107}{JB70×107}$ GB/T 5014—1985
主动端：Z 型轴孔，C 型键槽，$d_z = 75$ mm，$L_1 = 107$ mm
从动端：J 型轴孔，B 型键槽，$d_z = 70$ mm，$L_1 = 107$ mm

型号	公称转矩 /N·m	许用转速/(r·min^{-1}) 铁	许用转速/(r·min^{-1}) 钢	轴孔直径 d_1、d_2、d_z /mm	轴孔长度/mm Y型 L	轴孔长度/mm J、J$_1$、Z型 L$_1$	轴孔长度/mm L	D /mm	质量 /kg	转动惯量/(kg·m^2)	许用补偿量 径向 ΔY /mm	许用补偿量 轴向 ΔX /mm	角向 Δα
HL1	160	7 100	7 100	12, 14	32	27	32	90	2	0.006 4	0.15	±0.5	≤ 0°30′
				16, 18, 19	42	30	42						
				20, 22, (24)	52	38	52						
HL2	315	5 600	5 600	20, 22, 24	62	44	62	120	5	0.253		±1	
				25, 28									
				30, 32, (35)	82	60	82						
HL3	630	5 000	5 000	30, 32, 35, 38				160	8	0.6			
				40, 42, (45), (48)	112	84	112						
HL4	1 250	2 800	4 000	40, 42, 45, 48, 50, 55, 56				195	22	3.4		±1.5	
				(60), (63)									
HL5	2 000	2 100	3 500	50, 55, 56, 60, 63, 65, 70, (71)	142	107	142	220	30	5.4			
HL6	3 150	2 100	2 800	60, 63, 65, 70, 71, 75, 80	172	132	172	280	53	15.6			
				(85)									
HL7	6 300	1 700	2 240	70, 71, 75	142	107	142	320	98	41.1	0.20	±2	
				80, 85, 90, 95	172	132	172						
				100 (110)									
HL8	10 000	1 600	2 120	80, 85, 90, 95, 100, 110, (120)	212	167	212	360	119	56.5			
HL9	16 000	1 250	1 800	100, 110, 120, 125				410	197	133.3			
				130, (140)	252	202	252						
HL10	25 000	1 120	1 560	110, 120, 125	212	167	212	480	322	273.2	0.25	±2.5	
				130, 140, 150	252	202	252						
				160, (170), (180)	302	242	302						

注：1. 括号内的值仅适用于钢制联轴器。
2. 本联轴器结构简单、制造容易，装拆更换弹性元件方便，有微量补偿两轴线偏移和缓冲吸振能力，主要用于载荷较平稳、启动频繁、对缓冲要求不高的中、低速轴系传动，工作温度为 −20 ℃ ~ +70 ℃。

表 15-7 滑块联轴器

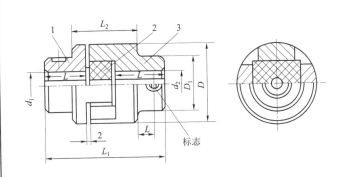

标记示例：

KL6 联轴器 $\dfrac{35\times 82}{J_1 38\times 60}$

主动端：Y 型轴孔、A 型键槽，$d_1=35$ mm，$L=82$ mm

从动端：J_1 型轴孔、A 型键槽，$d_2=38$ mm，$L=60$ mm

1、3—半联轴器，材料为 HT200、35 钢等；
2—滑块、材料为尼龙 6；
4—紧定螺钉

型号	公称转矩 /N·m	许用转速/ (r·min^{-1})	轴孔直径 d_1、d_2 /mm	轴孔长度 L Y型 /mm	轴孔长度 L J_1型 /mm	D_0	D_1	L_2	L_1	质量/ kg	转动惯量/ (kg·m²)
KL1	16	10 000	10, 11	25	22	40	30	52	5	0.6	0.000 7
			12, 14	32	27						
KL2	31.5	8 200	12, 14			50	32	56	5	1.5	0.003 8
			16, (17), 18	42	30						
KL3	63	7 000	(17), 18, 19			70	40	60	5	1.8	0.006 3
			20, 22	52	38						
KL4	160	5 700	20, 22, 24			80	50	64	8	2.5	0.013
			25, 28	62	44						
KL5	280	4 700	25, 28			100	70	75	10	5.8	0.045
			30, 32, 35	82	60						
KL6	500	3 800	30, 32, 35, 38			120	80	90	15	9.5	0.12
			40, 42, 45								
KL7	900	3 200	40, 42, 45, 48	112	84	150	100	120	25	25	0.43
			50, 55								
KL8	1 800	2 400	50, 55			190	120	150	25	55	1.98
			60, 63, 65, 70	142	107						
KL9	3 550	1 800	65, 70, 75			250	150	180	25	85	4.9
			80, 85	172	132						
KL10	5 000	1 500	80, 85, 90, 95			330	190	180	40	120	7.5
			100	212	167						

注：1. 装配时两轴的许用补偿量：轴向 $\Delta X=1\sim 2$ mm，径向 $\Delta Y\leqslant 0.2$ mm，角向 $\Delta\alpha\leqslant 0°40'$ mm。
2. 括号内的数值尽量不用。
3. 本联轴器互助具有一公平补偿两轴相对偏移量、减震和缓冲性能，适用于中、小功率、转速较高，转矩较小的轴系传动，如控制器、油泵装置等，工作温度为 -20 ℃ $\sim +70$ ℃。

15.2 离合器

离合器相关标准见表 15-8、表 15-9。

表 15-8 简易传动和矩形牙嵌式离合器

d	D	L	a	b	c	h
35, 40	100	200	70	95	5	30
55, 60	150	275	90	139	6	40
80	200	350	110	182	8	50
100	250	435	140	225	10	60
125	300	500	160	260	10	70

注：1. 中间对中环与左半部主动轴固结，为主、从动轴对中用。
2. 齿数选择决定于所传递转矩大小，一般取 $z = 3 \sim 4$。

表 15-9 矩形、梯形牙嵌式离合器

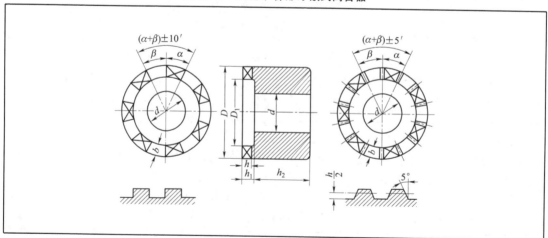

续表

离合方法	齿数 z	D	$b=\dfrac{D-D_1}{2}$	α	β	h	h_1
用手动接合和脱开	7	35	6	$25°43'{}^{-20'}_{-40'}$	$25°43'{}^{+43'}_{+20'}$	4	5
	7	40、45	7	$25°43'{}^{-20'}_{-40'}$	$25°43'{}^{+43'}_{+20'}$	4	5
	9	50	8	$20°{}^{-20'}_{-40'}$	$20°{}^{+40'}_{+20'}$	4	5
	9	55	8	$20°{}^{-20'}_{-40'}$	$20°{}^{+40'}_{+20'}$	4	5
	9	60、70	10	$20°{}^{-20'}_{-40'}$	$20°{}^{+40'}_{+20'}$	4	5
正常齿，自动接合，或者手动接合和自动脱开	5	40	5~8	$36°{}^{-20'}_{-40'}$	$36°{}^{+40'}_{+20'}$		
	5	45、50、55	5~10	$36°{}^{-20'}_{-40'}$	$36°{}^{+40'}_{+20'}$		
	7	60、70、80、90	5~10	$25°43'{}^{-20'}_{-40'}$	$25°43'{}^{+40'}_{+20'}$	6	7
细齿，低速工作时手动接合	7	40	5~8	$25°43'{}^{-20'}_{-40'}$	$25°43'{}^{+40'}_{+20'}$	4	5
	7	45、50、55	5~10	$25°43'{}^{-20'}_{-40'}$	$25°43'{}^{+40'}_{+20'}$	4	5
	9	60、70、80、90	5~10	$20°{}^{-20'}_{-40'}$	$20°{}^{+40'}_{+20'}$	6	7

注：1. 尺寸 d 和 h_2 从结构方面确定，通常 $h_2=(1.5~2)d$。
2. 自动接合或脱开时常采用梯形齿的离合器。

16 螺纹和螺纹连接

16.1 普通螺纹

普通螺纹相关标准见表16-1、表16-2。

表16-1 普通螺纹的直径与螺距（摘自 GB/T 193—2003）

mm

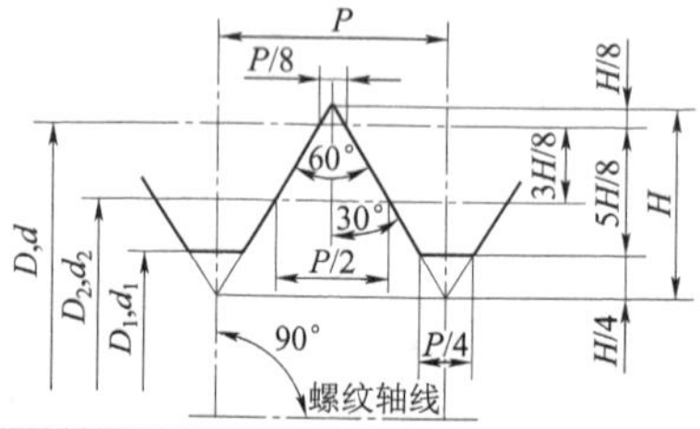

标记示例：
公称直径10 mm、右旋、公差带代号为6h，中等旋合长度的普通粗牙螺纹标记为：

M10-6h

公称直径 d、D			螺距 P		公称直径 d、D			螺距 P	
第一系列	第二系列	第三系列	粗牙	细牙	第一系列	第二系列	第三系列	粗牙	细牙
3			0.5	0.35			(28)		2, 1.5, 1
	3.5		(0.6)		30			3.5	(3), 2, 1.5, (1), (0.75)
4			0.7	0.5			(32)		2, 1.5
	4.5		(0.75)			33		3.5	(3), 2, 1.5, (1), (0.75)
5			0.8				35		(1.5)
		5.5			36			4	3, 2, 1.5, (1)
6		7	1	0.75, (0.5)			(38)		1.5
8			1.25	1, 0.75, (0.5)		39		4	3, 2, 1.5, (1)
		9	(1.25)				40		(3), (2), 1.5
10			1.5	1.25, 1, 0.75, (0.5)	42	45		4.5	(4), 3, 2, 1.5, (1)
		11	(1.5)	1, 0.75, (0.5)	48			5	

续表

公称直径 d、D			螺距 P		公称直径 d、D			螺距 P	
第一系列	第二系列	第三系列	粗牙	细牙	第一系列	第二系列	第三系列	粗牙	细牙
12			1.75	1.5, 1.25, 1, (0.75), (0.5)			50		(3), (2), 1.5
	14		2	1.5, (1.25), 1, (0.75), (0.5)		52		5	(4), 3, 2, 1.5 (1)
		15		1.5, (1)			55		(4), (3), 2, 1.5
16			2	1.5, 1, (0.75), (0.5)	56			5.5	4, 3, 2, 1.5, (1)
		17		1.5, (1)			58		(4), (3), 2, 1.5
20	18		2.5	2, 1.5, 1, (0.75), (0.5)	60			(5.5)	4, 3, 2, 1.5, (1)
	22			2, 1.5, 1, (0.75)			62		(4), (3), 2, 1.5
24			3	2, 1.5, (1), (0.75)	64			6	4, 3, 2, 1.5, (1)
		25		2, 1.5, (1)			65		(4), (3), 2, 1.5
		(26)		1.5		68		6	4, 3, 2, 1.5, (1)
	27		3	2, 1.5, 1, (0.75)			70		(6), (4), (3), 2, 1.5

注：1. 优先选用第一系列，其次是第二系列，第三系列尽可能不用。
2. M14×1.25 仅用于发动机的火花塞，M35×1.5 仅用于滚动轴承的锁紧螺母。

表 16-2 普通螺纹的基本尺寸（摘自 GB/T 193—2003）

mm

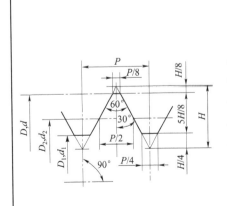

$H = 0.866P$
$d_2 = d - 0.6495P$
$d_1 = d - 1.0825P$

$D、d$——内、外螺纹大径；
$D_2、d_2$——内、外螺纹中径；
$D_1、d_1$——内、外螺纹小径；
P——螺距。

标记示例：

M20-6H（公称直径 20 粗牙右旋内螺纹，中径和大径的公差带均为 6H）

M20-6g（公称直径 20 粗牙右旋外螺纹，中径和大径的公差带均为 6g）

M20-6H/6g（上述规格的螺纹副）

M20×2 左 -5g6g-s（公称直径 20、螺距 2 的细牙左旋外螺纹，中径、大径的公差带分别为 5g，6g，短旋合长度）

续表

公称直径		螺距 P	中径 D_2、d_2	小径 D_1、d_1	公称直径		螺距 P	中径 D_2、d_2	小径 D_1、d_1	公称直径		螺距 P	中径 D_2、d_2	小径 D_1、d_1
第一系列	第二系列				第一系列	第二系列				第一系列	第二系列			
3		**0.5**	2.675	2.459	18		**1.5**	17.030	16.376	39		**2**	37.701	36.835
		0.35	2.773	2.621			1	17.350	16.917			1.5	38.026	37.376
	3.5	**(0.6)**	3.110	2.850	20		**2.5**	18.376	17.294	42		**4.5**	39.077	37.129
		0.35	3.273	3.121			2	18.701	17.835			3	40.051	38.752
4		**0.7**	3.545	3.242			1.5	19.026	18.376			2	40.701	39.835
		0.5	3.675	3.459			1	19.350	18.917			1.5	41.026	40.376
	4.5	**(0.75)**	4.013	3.688		22	**2.5**	20.376	19.294		45	**4.5**	42.077	40.129
		0.5	4.175	3.959			2	20.701	19.835			3	43.051	41.752
5		**0.8**	4.480	4.134			1.5	21.026	20.376			2	43.701	42.835
		0.5	4.675	4.459			1	21.350	20.917			1.5	44.026	43.376
6		**1**	5.350	4.917	24		**3**	22.051	20.752	48		**5**	44.752	42.587
		0.75	5.513	5.188			2	22.701	21.835			3	46.051	44.752
8		**1.25**	7.188	6.647			1.5	23.026	22.376			2	46.701	45.835
		1	7.350	6.917			1	23.350	22.917			1.5	47.026	46.376
		0.75	7.513	7.188		27	**3**	25.051	23.752		52	**5**	48.752	46.587
10		**1.5**	9.026	8.376			2	25.701	24.835			3	50.051	48.752
		1.25	9.188	8.647			1.5	26.026	25.376			2	50.701	49.835
		1	9.350	8.917			1	26.350	25.917			1.5	51.026	50.376
		0.75	9.513	9.188	30		**3.5**	27.727	26.211			**5.5**	52.428	50.046
12		**1.75**	10.863	10.106			2	28.701	27.835	56		4	53.402	51.670
		1.5	11.026	10.376			1.5	29.026	28.376			3	54.051	54.752
		1.25	11.188	10.674			1	29.350	28.917			2	54.701	53.835
		1	11.350	10.917	33		**3.5**	30.727	29.211			1.5	55.026	54.376
	14	**2**	12.701	11.835			2	31.701	30.835			**(5.5)**	56.428	54.046
		1.5	13.026	12.376			1.5	32.026	31.376	60		4	57.402	55.67
		1	13.350	12.917			4	33.402	31.670			3	58.051	56.752
16		**2**	14.701	13.835	36		3	34.051	32.752			2	58.701	57.835
		1.5	15.026	14.376			2	34.701	33.835			1.5	59.026	58.376
		1	15.350	14.917			1.5	35.026	34.376			**6**	60.103	57.505
	18	**2.5**	16.376	15.294		39	**4**	36.402	34.670	64		4	61.402	59.670
		2	16.701	15.835			3	37.051	35.752			3	62.051	60.75

注：1. "螺距 P"栏中第一个数值（黑体字）为粗牙螺纹，其余为细牙螺距。
2. 优先选用第一系列，其次第二系列，第三系列（表中未列出）尽可能不用。
3. 括号内尺寸尽可能不用。

16.2 梯形螺纹

梯形螺纹相关标准见表16-3。

表16-3 梯形螺纹的直径与螺距（摘自GB/T 5796.2—2005）

mm

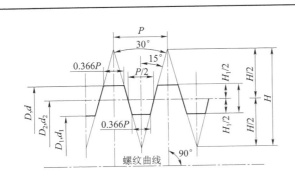

标记示例：

公称直径40 mm、螺距7 mm右旋、中径公差代号7e、中等旋合长度的外螺纹标记为：

Tr40×7-7e

公称直径40 mm、螺距7 mm左旋、中径公差代号7H、长旋合长度的内螺纹标记为：

Tr40×7LH-7H-L

公称直径		螺 距			公称直径		螺 距		
第一系列	第二系列				第一系列	第二系列			
8		1.5*			32		10	6*	3
	9	2*	1.5			34	10	6*	3
10		2*	1.5		36		10	6*	3
	11	3	2*			38	10	7*	3
12		3*	2		40		10	7*	3
	14	3*	2			42	10	7*	3
16		4*	2		44		12	7*	3
	18	4*	2			46	12	8*	3
20		4*	2		48		12	8*	3
	22	8	5*	3		50	12	8*	3
24		8	5*	3	52		12	8*	3
	26	8	5*	3		55	14	9*	3
28		8	5*	3	60		14	9*	3
	30	10	6*	3					

注：应优先选择第一系列的直径，在每个直径所对应的诸螺距中优先选择加*的螺距。

16.3 管螺纹

非螺纹密封的管螺纹见表 16-4。

表 16-4 非螺纹密封的管螺纹（GB/T 7307—2001）

mm

尺寸代号	每 25.4 mm 的牙数 n	螺距 P	牙高 h	圆弧半径 $r\approx$	基本直径 大径 D，d	基本直径 小径 D_1，d_1
1/8	28	0.907	0.581	0.125	9.728	8.566
1/4	19	1.337	0.856	0.184	13.157	11.445
3/8	19	1.337	0.856	0.184	16.662	14.950
1/2	14	1.814	1.162	0.249	20.955	18.631
5/8	14	1.814	1.162	0.249	22.911	20.587
3/4	14	1.814	1.162	0.249	26.441	24.117
7/8	14	1.814	1.162	0.249	30.201	27.877
1	11	2.309	1.479	0.317	33.249	30.291
11/8	11	2.309	1.479	0.317	37.897	34.939
11/2	11	2.309	1.479	0.317	41.910	38.952
11/4	11	2.309	1.479	0.317	47.803	44.845
13/4	11	2.309	1.479	0.317	53.746	50.788
2	11	2.309	1.479	0.317	59.614	56.656
21/4	11	2.309	1.479	0.317	65.710	62.752
21/2	11	2.309	1.479	0.317	75.184	72.226
23/4	11	2.309	1.479	0.317	81.534	78.576
3	11	2.309	1.479	0.317	87.884	84.926
31/2	11	2.309	1.479	0.317	100.330	97.372
4	11	2.309	1.479	0.317	113.030	110.072

注：1. 对薄壁管件、中径公差适用于平均中径，该中径是测量两个相垂直直径的算术平均值。
    2. 本标准适用于管接头、旋塞、阀门及其附件。
    3. 标记示例：
    螺纹特征代号用 G 表示：
    11/2 左旋内螺纹：G112-1H（右旋不标）
    11/2A 级外螺纹：G11/2A
    11/2B 级外螺纹：G11/2B

16.4 螺　　栓

六角头螺柱标准见表16-5。

表16-5　六角头螺栓

mm

六角头螺栓-C级（GB/T 5780—2000）、六角头螺栓-A级和B级（GB/T 5782—2000）

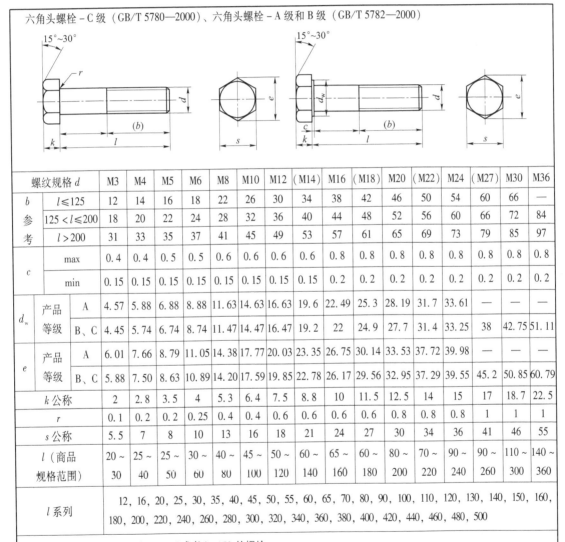

螺纹规格 d			M3	M4	M5	M6	M8	M10	M12	(M14)	M16	(M18)	M20	(M22)	M24	(M27)	M30	M36
b 参考	$l \leq 125$		12	14	16	18	22	26	30	34	38	42	46	50	54	60	66	—
	$125 < l \leq 200$		18	20	22	24	28	32	36	40	44	48	52	56	60	66	72	84
	$l > 200$		31	33	35	37	41	45	49	53	57	61	65	69	73	79	85	97
c	max		0.4	0.4	0.5	0.5	0.6	0.6	0.6	0.6	0.8	0.8	0.8	0.8	0.8	0.8	0.8	0.8
	min		0.15	0.15	0.15	0.15	0.15	0.15	0.15	0.15	0.2	0.2	0.2	0.2	0.2	0.2	0.2	0.2
d_w	产品等级	A	4.57	5.88	6.88	8.88	11.63	14.63	16.63	19.6	22.49	25.3	28.19	31.7	33.61	—	—	—
		B、C	4.45	5.74	6.74	8.74	11.47	14.47	16.47	19.2	22	24.9	27.7	31.4	33.25	38	42.75	51.11
e	产品等级	A	6.01	7.66	8.79	11.05	14.38	17.77	20.03	23.35	26.75	30.14	33.53	37.72	39.98	—	—	—
		B、C	5.88	7.50	8.63	10.89	14.20	17.59	19.85	22.78	26.17	29.56	32.95	37.29	39.55	45.2	50.85	60.79
k 公称			2	2.8	3.5	4	5.3	6.4	7.5	8.8	10	11.5	12.5	14	15	17	18.7	22.5
r			0.1	0.2	0.2	0.25	0.4	0.4	0.6	0.6	0.6	0.6	0.8	0.8	0.8	1	1	1
s 公称			5.5	7	8	10	13	16	18	21	24	27	30	34	36	41	46	55
l（商品规格范围）			20~30	25~40	25~50	30~60	40~80	45~100	50~120	60~140	65~160	60~180	80~200	70~220	90~240	90~260	110~300	140~360
l 系列			12, 16, 20, 25, 30, 35, 40, 45, 50, 55, 60, 65, 70, 80, 90, 100, 110, 120, 130, 140, 150, 160, 180, 200, 220, 240, 260, 280, 300, 320, 340, 360, 380, 400, 420, 440, 460, 480, 500																

注：1. A级用于 $d \leq 24$ 和 $l \leq 10d$ 或者 $l \leq 150$ 的螺栓。
　　2. B级用于 $d > 24$ 和 $l > 10d$ 或者 > 150 的螺栓。
　　3. 括号内为第2系列螺纹直径规格，尽量不要采用。
　　4. 标记示例：
　　　　螺纹规格 d = M12，公称长度 l = 80，性能等级为8.8级，表面氧化，A级的六角头螺栓：
　　　　螺栓 GB 5780—86 M12×80

16.5 螺　　柱

双头螺柱标准见表 16-6。

表 16-6 双头螺柱

mm

双头螺柱——$b_m = d$ （GB/T 987—1988）
双头螺柱——$b_m = 1.25d$ （GB/T 898—1988）
双头螺柱——$b_m = 1.5d$ （GB/T 899—1988）
双头螺柱——$b_m = 2d$ （GB/T 900—1988）

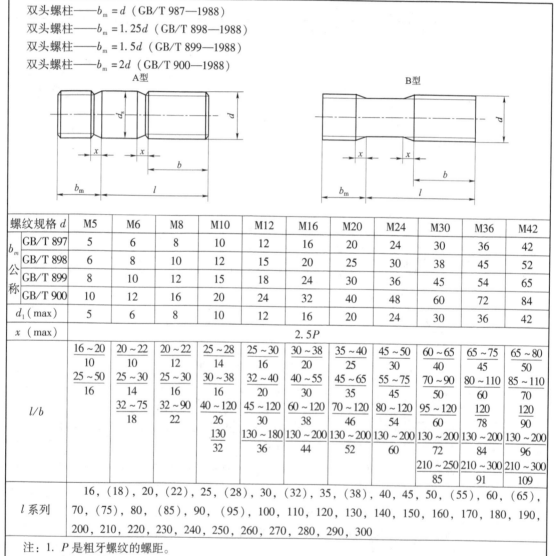

螺纹规格 d		M5	M6	M8	M10	M12	M16	M20	M24	M30	M36	M42
b_m 公称	GB/T 897	5	6	8	10	12	16	20	24	30	36	42
	GB/T 898	6	8	10	12	15	20	25	30	38	45	52
	GB/T 899	8	10	12	15	18	24	30	36	45	54	65
	GB/T 900	10	12	16	20	24	32	40	48	60	72	84
d_1 (max)		5	6	8	10	12	16	20	24	30	36	42
x (max)							2.5P					
l/b		$\frac{16\sim20}{10}$ $\frac{25\sim50}{16}$ $\frac{32\sim75}{18}$	$\frac{20\sim22}{10}$ $\frac{25\sim30}{14}$ $\frac{32\sim75}{18}$	$\frac{20\sim22}{12}$ $\frac{25\sim30}{16}$ $\frac{32\sim90}{22}$	$\frac{25\sim28}{14}$ $\frac{30\sim38}{16}$ $\frac{40\sim120}{26}$ $\frac{130}{32}$	$\frac{25\sim30}{16}$ $\frac{32\sim40}{20}$ $\frac{45\sim120}{30}$ $\frac{130\sim180}{36}$	$\frac{30\sim38}{20}$ $\frac{40\sim55}{30}$ $\frac{60\sim120}{38}$ $\frac{130\sim200}{44}$	$\frac{35\sim40}{25}$ $\frac{45\sim65}{35}$ $\frac{70\sim120}{46}$ $\frac{130\sim200}{52}$	$\frac{45\sim50}{30}$ $\frac{55\sim75}{45}$ $\frac{80\sim120}{54}$ $\frac{130\sim200}{60}$	$\frac{60\sim65}{40}$ $\frac{70\sim90}{50}$ $\frac{95\sim120}{60}$ $\frac{130\sim200}{72}$ $\frac{210\sim250}{85}$	$\frac{65\sim75}{45}$ $\frac{80\sim110}{60}$ $\frac{120}{78}$ $\frac{130\sim200}{84}$ $\frac{210\sim300}{91}$	$\frac{65\sim80}{50}$ $\frac{85\sim110}{70}$ $\frac{120}{90}$ $\frac{130\sim200}{96}$ $\frac{210\sim300}{109}$
l 系列		16, (18), 20, (22), 25, (28), 30, (32), 35, (38), 40, 45, 50, (55), 60, (65), 70, (75), 80, (85), 90, (95), 100, 110, 120, 130, 140, 150, 160, 170, 180, 190, 200, 210, 220, 230, 240, 250, 260, 270, 280, 290, 300											

注：1. P 是粗牙螺纹的螺距。
  2. 标记示例：
     两端均为粗牙普通螺纹，$d = 10$，$l = 50$，性能等级为 4.8 级，B 型，$b_m = d$ 的双头螺柱；
     螺柱　GB/T 897　M10×50
     旋入机体一端为粗牙普通螺纹，旋入螺母一端为螺距 1 的细牙普通螺纹，$d = 10$，$l = 50$，性能等级为 4.8 级，A 型 $b_m = d$ 的双头螺柱；
     螺柱　GB/T 897　AM10—M10×1×50

16.6 螺　　钉

螺钉相关标准见表 16 – 7 ~ 表 16 – 10。

表 16 – 7　开槽盘头螺钉（GB/T 67—2000）

mm

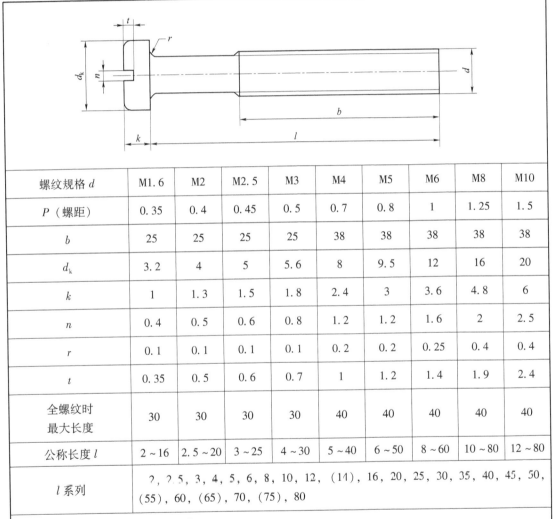

螺纹规格 d	M1.6	M2	M2.5	M3	M4	M5	M6	M8	M10
P（螺距）	0.35	0.4	0.45	0.5	0.7	0.8	1	1.25	1.5
b	25	25	25	25	38	38	38	38	38
d_k	3.2	4	5	5.6	8	9.5	12	16	20
k	1	1.3	1.5	1.8	2.4	3	3.6	4.8	6
n	0.4	0.5	0.6	0.8	1.2	1.2	1.6	2	2.5
r	0.1	0.1	0.1	0.1	0.2	0.2	0.25	0.4	0.4
t	0.35	0.5	0.6	0.7	1	1.2	1.4	1.9	2.4
全螺纹时最大长度	30	30	30	30	40	40	40	40	40
公称长度 l	2~16	2.5~20	3~25	4~30	5~40	6~50	8~60	10~80	12~80
l 系列	2, 2.5, 3, 4, 5, 6, 8, 10, 12, (14), 16, 20, 25, 30, 35, 40, 45, 50, (55), 60, (65), 70, (75), 80								

注：1. 括号内的规格尽可能不采用。
　　2. M1.6~M3 的螺钉，公称长度 l≤30 的，制出全螺纹。
　　3. M4~M10 的螺钉，公称长度 l≤40 的，制出全螺纹。
　　4. b 不包含螺尾。
　　5. 标记示例：
　　　　螺纹规格 d = M5，公称长度 l = 20，性能等级为 4.8 级，不经表面处理的 A 级开槽盘头螺钉：
　　　　螺钉 GB/T65 M5×20

表 16-8　开槽圆柱头螺钉（GB/T 65—2000）

mm

螺纹规格 d	M4	M5	M6	M8	M10
P（螺距）	0.7	0.8	1	1.25	1.5
b	38	38	38	38	38
d_k	7	8.5	10	13	16
k	2.6	3.3	3.9	5	6
n	1.2	1.2	1.6	2	2.5
r	0.2	0.2	0.25	0.4	0.4
t	1.1	1.3	1.6	2	2.4
全螺纹时最大长度	40	40	40	40	40
公称长度 l	5~40	6~50	8~60	10~80	12~80
l 系列	5, 6, 8, 12, (14), 16, 20, 25, 30, 35, 40, 45, 50 (55), 60, (65), 70, (75), 80				

注：1. 公称长度 $l \leqslant 40$ 的螺钉，制出全螺纹。
　　2. 括号内的规格尽可能不采用。
　　3. b 不包含螺尾。
　　4. 螺纹规格 d = M1.6~M10；公称长度 l = 2~80。
　　5. 标记示例：
　　　　螺纹规格 d = M5，公称长度 l = 20，性能等级为 4.8 级，不经表面处理的 A 级开槽圆柱头螺钉：
　　　　螺钉 GB/T65 M5 × 20

表16-9 内六角圆柱头螺钉（GB/T 70.1—2000）

mm

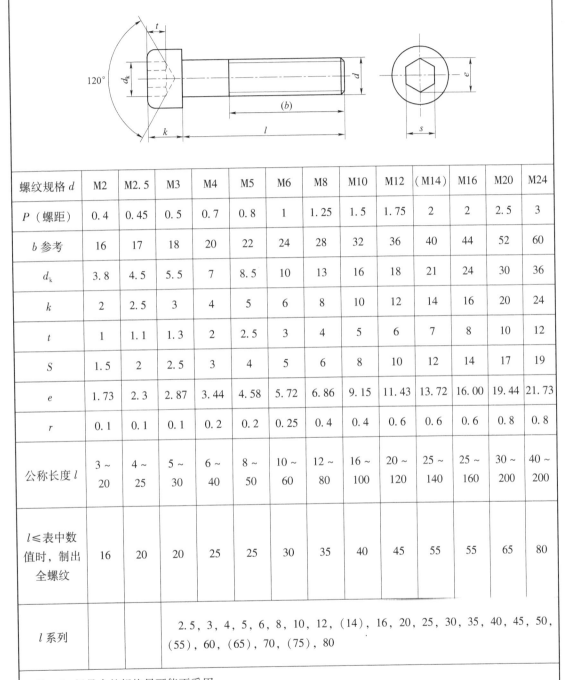

螺纹规格 d	M2	M2.5	M3	M4	M5	M6	M8	M10	M12	(M14)	M16	M20	M24
P（螺距）	0.4	0.45	0.5	0.7	0.8	1	1.25	1.5	1.75	2	2	2.5	3
b 参考	16	17	18	20	22	24	28	32	36	40	44	52	60
d_k	3.8	4.5	5.5	7	8.5	10	13	16	18	21	24	30	36
k	2	2.5	3	4	5	6	8	10	12	14	16	20	24
t	1	1.1	1.3	2	2.5	3	4	5	6	7	8	10	12
S	1.5	2	2.5	3	4	5	6	8	10	12	14	17	19
e	1.73	2.3	2.87	3.44	4.58	5.72	6.86	9.15	11.43	13.72	16.00	19.44	21.73
r	0.1	0.1	0.1	0.2	0.2	0.25	0.4	0.4	0.6	0.6	0.6	0.8	0.8
公称长度 l	3~20	4~25	5~30	6~40	8~50	10~60	12~80	16~100	20~120	25~140	25~160	30~200	40~200
l ≤ 表中数值时，制出全螺纹	16	20	20	25	25	30	35	40	45	55	55	65	80
l 系列	2.5, 3, 4, 5, 6, 8, 10, 12, (14), 16, 20, 25, 30, 35, 40, 45, 50, (55), 60, (65), 70, (75), 80													

注：1. 括号内的规格尽可能不采用。
　　2. b 不包含螺尾。
　　3. 标记示例：
　　　　螺纹规格 d = M5，公称长度 l = 20，性能等级为 8.8 级，不经表面处理的 A 级开槽沉头螺钉：
　　　　螺钉 GB/T68 M5×20

表 16-10 紧定螺钉

mm

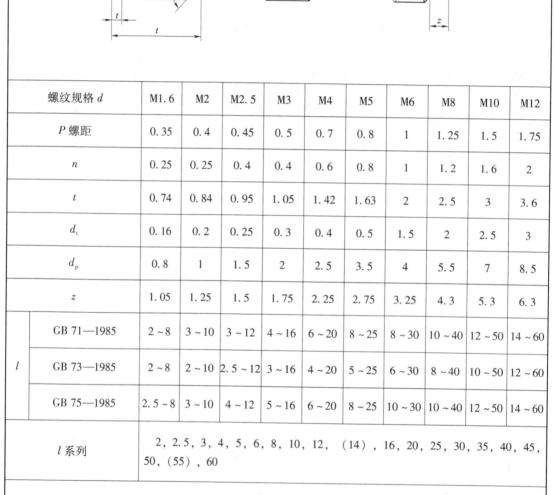

螺纹规格 d		M1.6	M2	M2.5	M3	M4	M5	M6	M8	M10	M12
P 螺距		0.35	0.4	0.45	0.5	0.7	0.8	1	1.25	1.5	1.75
n		0.25	0.25	0.4	0.4	0.6	0.8	1	1.2	1.6	2
t		0.74	0.84	0.95	1.05	1.42	1.63	2	2.5	3	3.6
d_t		0.16	0.2	0.25	0.3	0.4	0.5	1.5	2	2.5	3
d_p		0.8	1	1.5	2	2.5	3.5	4	5.5	7	8.5
z		1.05	1.25	1.5	1.75	2.25	2.75	3.25	4.3	5.3	6.3
l	GB 71—1985	2~8	3~10	3~12	4~16	6~20	8~25	8~30	10~40	12~50	14~60
	GB 73—1985	2~8	2~10	2.5~12	3~16	4~20	5~25	6~30	8~40	10~50	12~60
	GB 75—1985	2.5~8	3~10	4~12	5~16	6~20	8~25	10~30	10~40	12~50	14~60
l 系列		2, 2.5, 3, 4, 5, 6, 8, 10, 12, (14), 16, 20, 25, 30, 35, 40, 45, 50, (55), 60									

注：1. l 为公称长度。
2. 括号内的规格尽可能不采用。
3. 标记示例：
　　螺纹规格 d = M5，公称长度 l = 12，性能等级为 1411 级，表面氧化的开槽长圆柱端紧定螺钉：
　　螺钉 GB/T75 M5×12

16.7 螺 母

六角螺母标准见表16-11。

表 16-11 六角螺母

mm

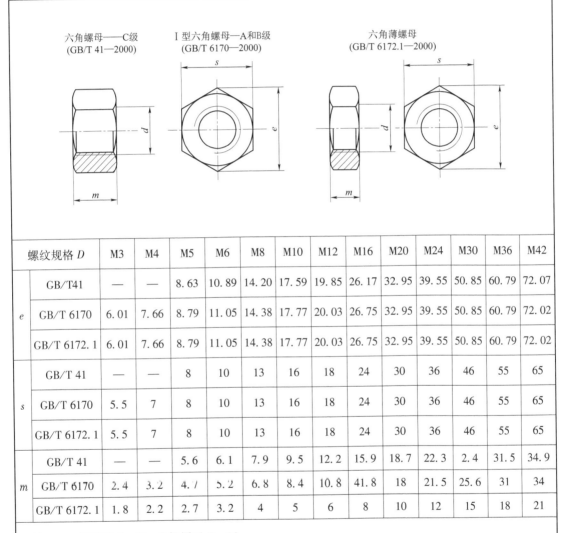

螺纹规格 D		M3	M4	M5	M6	M8	M10	M12	M16	M20	M24	M30	M36	M42
e	GB/T 41	—	—	8.63	10.89	14.20	17.59	19.85	26.17	32.95	39.55	50.85	60.79	72.07
	GB/T 6170	6.01	7.66	8.79	11.05	14.38	17.77	20.03	26.75	32.95	39.55	50.85	60.79	72.02
	GB/T 6172.1	6.01	7.66	8.79	11.05	14.38	17.77	20.03	26.75	32.95	39.55	50.85	60.79	72.02
s	GB/T 41	—	—	8	10	13	16	18	24	30	36	46	55	65
	GB/T 6170	5.5	7	8	10	13	16	18	24	30	36	46	55	65
	GB/T 6172.1	5.5	7	8	10	13	16	18	24	30	36	46	55	65
m	GB/T 41	—	—	5.6	6.1	7.9	9.5	12.2	15.9	18.7	22.3	2.4	31.5	34.9
	GB/T 6170	2.4	3.2	4.7	5.2	6.8	8.4	10.8	41.8	18	21.5	25.6	31	34
	GB/T 6172.1	1.8	2.2	2.7	3.2	4	5	6	8	10	12	15	18	21

注:1. A级用于 $D \leq 16$,B级用于 $D > 16$。
  2. 标记示例:
   ① 螺纹规格 $D = M12$,性能等级为5级,不经表面处理,C级的六角螺母;
    螺母 GB/T41 M12
   ② 螺纹规格 $D = M12$,性能等级为8级,不经表面处理,A级的1型六角螺母:
    螺母 GB/T 6170 M12

16.8 垫片、垫圈

垫片、垫圈标准见表 16-12、表 16-13。

表 16-12 垫片

mm

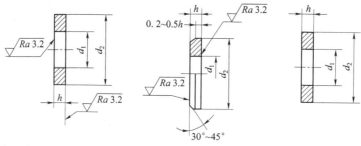

小垫圈（GB/T 848—2002）　　平垫圈—倒角型（GB/T 97.2—2002）
平垫圈（GB/T 97.1—2002）　　平垫圈—C 级（GB/T 95—2002）

标准系列，公称尺寸 d = 8 mm、性能等级为 140HV 级、不经表面处理的平垫圈标记为：
垫圈 GB 97.1 8—140HV

公称尺寸（螺纹规格）d		4	5	6	8	10	12	14	16	20	24	30	36
d_1 公称（min）	GB/T 848—2002	4.3	5.3	6.4	8.4	10.5	13	15	17	21	25	31	37
	GB/T 97.1—2002												
	GB/T 97.2—2002												
	GB/T 95—2002	—											
d_2 公称（max）	GB/T 848—2002	8	9	11	15	18	20	24	28	34	39	5	6
	GB/T 97.1—2002	9											
	GB/T 97.2—2002	—	10	12	16	20	24	28	30	37	44	56	66
	GB/T 95—2002												
h 公称	GB/T 848—2002	0.5		1.6		2	2.5	3					
	GB/T 97.1—2002	0.8	1									4	5
	GB/T 97.2—2002	—		1.6		2	2.5		3				
	GB/T 95—2002												

表 16-13　垫圈（摘自 GB/T 93—1987 GB/T859—1987）

mm

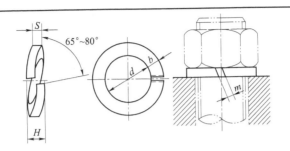

标记示例：

规格 16 mm，材料为 65 Mn、表面氧化的标准型弹簧垫圈

垫圈 GB/T 93　16

规格 （螺纹大径）	d	GB/T 93—1987		GB/T 859—1987		
		$S=b$	$0<m\leqslant$	S	b	$0<m\leqslant$
3	3.1	0.8	0.4	0.6	1	0.3
4	4.1	1.1	0.50	0.8	1.2	0.4
5	5.1	1.3	0.65	1	1.2	0.55
6	6.2	1.6	0.8	1.2	1.6	0.65
8	8.2	2.1	1.05	1.6	2	0.8
10	10.2	2.6	1.3	2	2.5	1
12	12.3	3.1	1.55	2.5	3.5	1.25
(14)	14.3	3.6	1.8	3	4	1.5
16	16.3	4.1	2.05	3.2	4.5	1.6
(18)	18.3	4.5	2.25	3.5	5	1.8
20	20.5	5	2.5	4	5.5	2
(22)	22.5	5.5	2.75	4.5	6	2.25
24	24.5	6	3	4.8	6.5	2.5
(27)	27.5	6.8	3.4	5.5	7	2.75
30	30.5	7.5	3.75	6	8	3
36	36.6	9	4.5			

17 键连接和销连接

17.1 键 连 接

键连接见表 17-1 和表 17-2。

表 17-1 平键（GB1095，1096—2003）

mm

标记示例：

键 16×100　GB 1096—2003（圆头普通平键（A 型）$b=16$ mm、$h=10$ mm、$L=100$ mm）

键 B16×100　GB 1096—200（平头普通平键（B 型）$b=16$ mm、$h=10$ mm、$L=100$ mm）

键 C16×100　GB 1096—2003（单圆头普通平键（C 型）$b=16$ mm、$h=10$ mm、$L=100$ mm）

续表

轴	键	键槽										
		宽度 b					深度				半径 r	
			极限偏差				轴 t		毂 t_1			
公称直径 d	公称尺寸 b×h	公称尺寸 b	较松键连接		一般键连接		较紧键连接	公称尺寸	极限偏差	公称尺寸	极限偏差	最小	最大
			轴 H9	毂 D10	轴 N9	毂 JS9	轴和毂 P9						
6~8	2×2	2	+0.025 0	+0.060 +0.020	−0.004 −0.029	±0.012 5	−0.006 −0.031	1.2	+0.1 0	1	+0.1 0	0.08	0.16
>8~10	3×3	3						1.8		1.4			
>10~12	4×4	4	+0.030 0	+0.078 +0.030	0 −0.030	±0.015	−0.012 −0.042	2.5		1.8		0.16	0.25
>12~17	5×5	5						3.0		2.3			
>17~22	6×6	6						3.5		2.8			
>22~30	8×7	8	+0.036 0	+0.098 +0.040	0 −0.036	±0.018	−0.015 −0.051	4.0	+0.20 0	3.3	+0.20 0	0.25	0.40
>30~38	10×8	10						5.0		3.3			
>38~44	12×8	12	+0.043 0	+0.120 +0.050	0 −0.043	±0.021 5	−0.018 −0.061	5.0		3.3			
>44~50	14×9	14						5.5		3.8			
>50~58	16×10	16						6.0		4.3			
>58~65	18×11	18						7.0		4.4			
>65~75	20×12	20	+0.052 0	+0.149 +0.065	0 −0.052	±0.026	−0.022 −0.074	7.5	+0.20 0	4.9	+0.20 0	0.40	0.60
>75~85	22×14	22						9.0		5.4			
>85~95	25×14	25						9.0		5.4			
>95~110	28×16	28						10.0		6.4			
键的长度系列	6，8，10，12，14，16，18，20，22，25，28，32，36，40，45，50，56，63，70，80，90，100，110，125，140，160，180，200，220，250，280，320，360													

注：在工作图中，轴槽深用 t 或 (d−t) 标注，轮毂槽深用 (d+t_1) 标注。

表 17-2 半圆键（GB/T 1098—2003）

mm

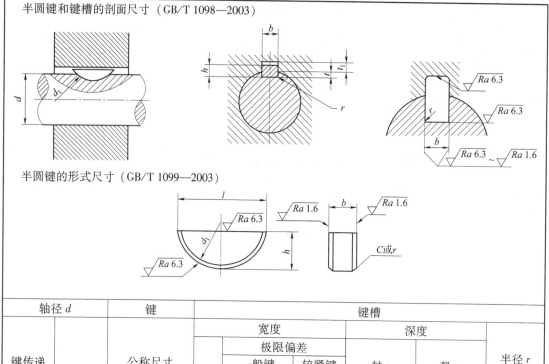

轴径 d		键	键槽								
				宽度			深度			半径 r	
					极限偏差						
键传递扭矩	键定位用	公称尺寸 $b \times h \times d_1$	公称尺寸	一般键连接		较紧键连接	轴 t		毂 t_1		
				轴 N9	毂 JS9	轴和毂 P9	公称尺寸	极限偏差	公称尺寸	极限偏差	最小	最大
自 3~4	自 3~4	1.0×1.4×4	1.0	−0.004 −0.029	±0.012	−0.006 −0.031	1.0	+0.1 0	0.6	+0.1 0	0.08	0.16
>4~5	>4~6	1.5×2.6×7	1.5				2.0		0.8			
>5~6	>6~8	2.0×2.6×7	2.0				1.8		1.0			
>6~7	>8,10	2.0×3.7×10	2.0				2.9		1.0			
>7~8	>10~12	2.5×3.7×10	2.5				2.7		1.2			
>8~10	>12~15	3.0×5.0×13	3.0				3.8		1.4			
>10~12	>15~18	3.0×6.5×16	3.0				5.3		1.4			
>12~14	>18~20	4.0×6.5×16	4.0	0 −0.030	±0.015	−0.012 −0.042	5.0	+0.2 0	1.8		0.16	0.25
>14~16	>20~22	4.0×7.5×19	4.0				6.0		1.8			
>16~18	>22~25	5.0×6.5×16	5.0				4.5		2.3			
>18~20	>25~28	5.0×7.5×19	5.0				5.5		2.3			
>20~22	>28~32	5.0×9.0×22	5.0				7.0		2.3			
>22~25	>32~36	6.0×9.0×22	6.0				6.5		2.8			
>25~28	>36~40	6.0×10.0×25	6.0				7.5		2.8			
>28~32	40	8.0×11.0×28	8.0	0 −0.030	±0.018	−0.015 −0.051	8.0	+0.3 0	3.3	+0.2 0	0.25	0.40
>32~38	—	10.0×13.0×32	10.0				10.0		3.3			

注：1. 在工作图中轴槽深用 t 或者 $(d-t)$ 标注，轮毂槽深用 $(d+t_1)$ 标注。
    2. $(d-t)$ 和 $(d+t_1)$ 两个组合尺寸的极限偏差按相应的 t 和 t_1 的极限偏差选取，但 $(d-t)$ 极限偏差值应取负号（−）。

17.2 销 连 接

销连接见表17-3～表17-5。

表17-3 圆柱销（GB/T 119.1—2000）不淬硬钢和奥氏体不锈钢

mm

公称直径 d (m6/h8)	0.6	0.8	1	1.2	1.5	2	2.5	3	4	5
$c\approx$	0.12	0.16	0.20	0.25	0.30	0.35	0.40	0.50	0.63	0.80
l（商品规格范围公称长度）	2~6	2~8	4~10	4~12	4~16	6~20	6~24	8~30	8~40	10~5
公称直径 d (m6/h8)	6	8	10	12	16	20	25	30	40	50
$c\approx$	1.2	1.6	2.0	2.5	3.0	3.5	4.0	5.0	6.3	8.0
l（商品规格范围公称长度）	12~60	14~80	18~95	22~140	26~180	35~200	50~200	60~200	80~200	95~200
l 系列	2，3，4，5，6，8，10，12，14，16，18，20，22，24，26，28，30，32，35，40，45，50，55，60，65，70，75，80，85，90，95，100，120，140，160，180，200									

注：1. 材料用钢时硬度要求为125~245HV30，用奥氏体不锈钢A1（GB/T 3098.6）时，硬度要求210~280HV30。
2. 公差 m6：$Ra\leqslant 0.8$ μm。
3. 公差 h8：$Ra\leqslant 1.6$ μm。
4. 标记示例：
公称直径 $d=6$，公差为m6，公称长度 $l=30$，材料为钢，不经淬火、不经表面处理的圆柱销：
销 GB/T119.1 6m6×30

表 17-4 圆锥销（GB/T 117—2000）

d（公称）	0.6	0.8	1	1.2	1.5	2	2.5	3	4	5
$a \approx$	0.08	0.1	0.12	0.16	0.2	0.25	0.3	0.4	0.5	0.63
l（商品规格范围公称长度）	4~8	5~12	6~16	6~20	8~24	10~35	10~35	12~45	14~55	18~60
d（公称）	6	8	10	12	16	20	25	30	40	50
$a \approx$	0.8	1	1.2	1.6	2	2.5	3	4	5	6.3
l（商品规格范围公称长度）	22~90	22~120	26~160	32~180	40~200	45~200	50~200	55~200	60~200	65~200
l（系列）	2, 3, 4, 5, 6, 8, 10, 12, 14, 16, 18, 20, 22, 24, 26, 28, 30, 32, 35, 40, 45, 50, 55, 60, 65, 70, 75, 80, 85, 90, 95, 100, 120, 140, 160, 180, 200										

注：标记示例：
公称直径 $d = 10$，长度 $l = 60$，材料为 35 钢，热处理硬度 28~38 HRC，表面氧化处理的圆锥销：
销 GB/T117 10×30

表 17-5 开口销（GB/T 91—2000）

公称规格		0.6	0.8	1	1.2	1.6	2	2.5	3.2	4	5	6.3	8	10	13
a	max	0.5	0.7	0.9	1.0	1.4	1.8	2.3	2.9	3.7	4.6	5.9	7.5	9.5	12.4
	min	0.4	0.6	0.8	0.9	1.3	1.7	2.1	2.7	3.5	4.4	5.7	7.3	9.3	12.1
c	max	1	1.4	1.8	2	2.8	3.6	4.6	5.8	7.4	9.2	11.8	15	19	24.8
	min	0.9	1.2	1.6	1.7	2.4	3.2	4	5.1	6.5	8	10.3	13.1	16.6	21.7
$b \approx$		2	2.4	3	3	3.2	4	5	6.4	8	10	12.6	16	20	26
l（商品规格范围公称长度）		4~12	5~16	6~20	8~26	8~32	10~40	12~50	14~25	18~80	22~100	30~120	40~160	45~200	70~200
l 系列		4, 5, 6, 8, 10, 12, 14, 16, 18, 20, 22, 24, 26, 28, 30, 32, 35, 40, 45, 50, 55, 60, 65, 70, 75, 80, 85, 90, 95, 100, 120, 140, 160, 180, 200													

注：1. 公称规格等于开口销孔直径。对销孔直径推荐的公差为：
公称规格≤1.2：H13；
公称规格>1.2：H14。
2. 标记示例：
公称直径 $d = 5$，长度 $l = 50$，材料为低碳钢，不经表面处理的开口销：
销 GB/T 91 5×50

18 滚动轴承

18.1 常用滚动轴承

常用滚动轴承的相关标准见表 18-1~表 18-3。

表 18-1 深沟球轴承（GB/T 276—94）

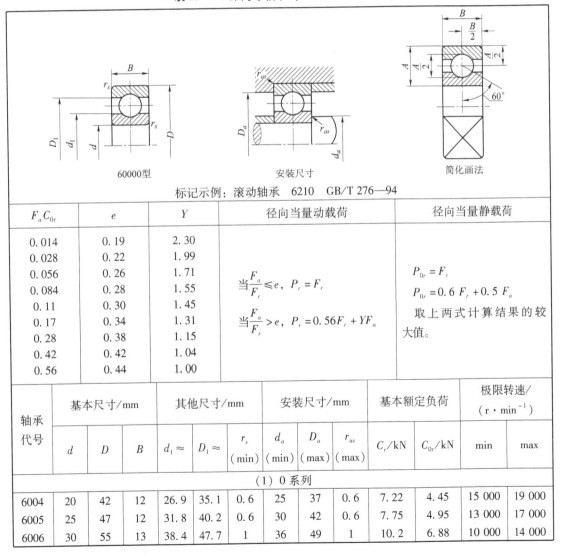

标记示例：滚动轴承 6210 GB/T 276—94

F_a/C_{0r}	e	Y	径向当量动载荷	径向当量静载荷
0.014	0.19	2.30		
0.028	0.22	1.99		
0.056	0.26	1.71	当 $\dfrac{F_a}{F_r} \leq e$，$P_r = F_r$	$P_{0r} = F_r$
0.084	0.28	1.55		$P_{0r} = 0.6F_r + 0.5F_a$
0.11	0.30	1.45	当 $\dfrac{F_a}{F_r} > e$，$P_r = 0.56F_r + YF_a$	取上两式计算结果的较大值。
0.17	0.34	1.31		
0.28	0.38	1.15		
0.42	0.42	1.04		
0.56	0.44	1.00		

轴承代号	基本尺寸/mm			其他尺寸/mm		安装尺寸/mm			基本额定负荷		极限转速/(r·min^{-1})	
	d	D	B	$d_1 \approx$	$D_1 \approx$	r_s (min)	d_a (min)	D_a (max)	r_{as} (max)	C_r/kN	C_{0r}/kN	min	max

（1）0 系列

6004	20	42	12	26.9	35.1	0.6	25	37	0.6	7.22	4.45	15 000	19 000
6005	25	47	12	31.8	40.2	0.6	30	42	0.6	7.75	4.95	13 000	17 000
6006	30	55	13	38.4	47.7	1	36	49	1	10.2	6.88	10 000	14 000

续表

轴承代号	基本尺寸/mm			其他尺寸/mm			安装尺寸/mm			基本额定负荷		极限转速/($r \cdot min^{-1}$)	
	d	D	B	$d_1 \approx$	$D_1 \approx$	r_s (min)	d_a (min)	D_a (max)	r_{as} (max)	C_r/kN	C_{0r}/kN	min	max
(1) 0 系列													
6007	35	62	14	43.4	53.7	1	41	56	1	12.5	8.60	9 000	12 000
6008	40	68	15	48.8	59.2	1	46	62	1	13.2	9.42	8 500	11 000
6009	45	75	16	54.2	65.9	1	51	69	1	16.2	11.8	8 000	10 000
6010	50	80	16	59.2	70.9	1	56	74	1	16.8	12.8	7 000	9 000
6011	55	90	18	66.5	79	1.1	62	83	1	23.2	17.8	6 300	8 000
6012	60	95	18	71.9	85.7	1.1	67	88	1	24.5	19.2	6 000	7 500
6013	65	100	18	75.3	89.1	1.1	72	93	1	24.8	19.8	5 600	7 000
6014	70	110	20	82	98	1.1	77	103	1	29.8	24.2	5 300	6 700
6015	75	115	20	88.6	104	1.1	82	108	1	30.8	26.0	5 000	6 300
6016	80	125	22	95.9	112.8	1.1	87	118	1	36.5	31.2	4 800	6 000
6017	85	130	22	100.1	117.6	1.1	92	123	1	39.0	33.5	4 500	5 600
6018	90	140	24	107.2	126.8	1.5	99	131	1.5	44.5	39.0	4 300	5 300
6019	95	145	24	110.2	129.8	1.5	104	136	1.5	44.5	39.0	4 000	5 000
6020	100	150	24	114.6	135.4	1.5	109	141	1.5	49.5	43.8	3 800	4 800
(0) 2 系列													
6204	20	47	14	29.3	39.7	1	26	41	1	9.88	6.16	14 000	18 000
6205	25	52	15	33.8	44.2	1	31	46	1	10.8	6.95	12 000	16 000
6206	30	62	16	40.8	52.2	1	36	56	1	15.0	10.0	95 000	13 000
6207	35	72	17	46.8	60.2	1.1	42	65	1	19.8	13.5	8 500	11 000
6208	40	80	18	52.8	67.2	1.1	47	73	1	22.8	15.8	8 000	10 000
6209	45	85	19	58.8	73.2	1.1	52	78	1	24.5	17.5	7 000	9 000
6210	50	90	20	62.4	77.6	1.1	57	83	1	27	19.8	6 700	85 000
6211	55	100	21	68.9	86.1	1.5	64	91	1.5	33.5	25.0	6 000	7 500
6212	60	110	22	76	94.1	1.5	69	101	1.5	36.8	27.8	5 600	7 000
6213	65	120	23	82.5	102.5	1.5	74	111	1.5	44.0	34.0	5 000	6 300
6214	70	125	24	89	109	1.5	79	116	1.5	46.8	37.5	4 800	6 000
6215	75	130	25	94	115	1.5	84	121	1.5	50.8	41.2	4 500	5 600
6216	80	140	26	100	122	2	90	130	2	55.0	44.8	4 300	5 300
6217	85	150	28	107.1	130.9	2	95	140	2	64.0	53.2	4 000	5 000
6218	90	160	30	111.7	138.4	2	100	150	2	73.8	60.9	3 800	4 800
6219	95	170	32	118.1	146.9	2.1	107	158	2.1	84.8	70.5	3 600	4 500
6220	100	180	34	124.8	155.3	2.1	112	168	2.1	94.0	79.0	3 400	4 300

续表

轴承代号	基本尺寸/mm			其他尺寸/mm			安装尺寸/mm			基本额定负荷		极限转速/(r·min^{-1})	
	d	D	B	$d_1 \approx$	$D_1 \approx$	r_s (min)	d_a (min)	D_a (max)	r_{as} (max)	C_r/kN	C_{0r}/kN	min	max
(0) 3 系列													
6304	20	52	15	29.8	42.2	1.1	27	45	1	12.2	7.78	13 000	17 000
6305	25	62	17	36	51	1.1	32	55	1	17.2	11.2	10 000	14 000
6306	30	72	19	44.8	59.2	1.1	37	65	1	20.8	14.2	9 000	12 000
6307	35	80	21	50.4	66.6	1.5	44	71	1.5	25.8	17.8	8 000	10 000
6308	40	90	23	56.5	74.6	1.5	48	81	1.5	31.2	22.2	7 000	9 000
6309	45	100	25	63	84	1.5	54	91	1.5	40.8	29.8	6 300	8 000
6310	50	110	27	69.1	91.9	2	60	100	2	47.5	35.6	6 000	7 500
6311	55	120	29	76.1	100.9	2	65	110	2	55.2	41.8	5 800	6 700
6312	60	130	31	81.7	108.4	2.1	72	118	2.1	62.8	48.5	5 600	6 300
6313	65	140	33	88.1	116.9	2.1	77	128	2.1	72.2	56.5	4 500	5 600
6314	70	150	35	94.8	125.3	2.1	82	138	2.1	80.2	63.2	4 300	5 300
6315	75	160	37	101.3	133.7	2.1	87	148	2.1	87.2	71.5	4 000	5 000
6316	80	170	39	107.9	142.2	2.1	92	158	2.1	94.5	80.0	3 800	4 800
6317	85	180	41	114.4	150.6	3	99	166	2.5	102	89.2	3 600	4 500
6318	90	190	43	120.8	159.2	3	104	176	2.5	112	100	3 400	4 300
6319	95	200	45	127.1	167.9	3	109	186	2.5	122	112	3 200	4 000
6320	100	215	47	135.6	179.4	3	114	201	2.5	132	132	2 800	3 600

表 18-2 角接触球轴承（GB/T 292—1994）

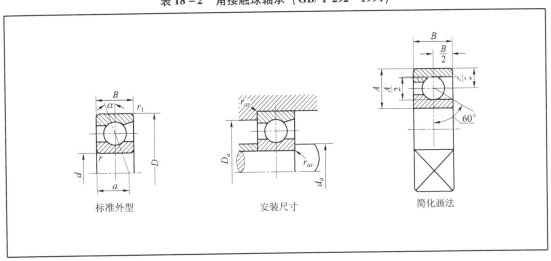

续表

70000C 型（$\alpha=15°$）				70000AC 型（$\alpha=25°$）
iF_a/C_{0r}	e	Y	径向当量动负荷	径向当量动载荷
0.015	0.38	1.47	当 $\dfrac{F_a}{F_r} \leq e$ $P_r = F_r$	当 $\dfrac{F_a}{F_r} \leq 0.68$ $P_r = F_r$
0.029	0.40	1.40		
0.058	0.43	1.30	当 $\dfrac{F_a}{F_r} > e$ $P_r = 0.44 F_r + YF_a$	当 $\dfrac{F_a}{F_r} > 0.68$ $P_r = 0.41 F_r + 0.87 F_a$
0.087	0.46	1.23		
0.12	0.47	1.19	径向当量静载荷	径向当量静载荷
0.17	0.50	1.12		
0.29	0.55	1.02	$P_{0r} = 0.5 F_r + 0.46 F_a$	$P_{0r} = 0.5 F_r + 0.38 F_a$
0.44	0.56	1.00	$P_{0r} = F_r$	$P_{0r} = F_r$
0.58	0.56	1.00	取上列两式计算结果的大值	取上列两式计算结果的大值

轴承代号		基本尺寸/mm					安装尺寸/mm			基本额定动负荷 C_r/kN		基本额定静负荷 C_{0r}/kN	
		d	D	B	a		d_a (min)	D_a (max)	r_{as} (max)	70000C	70000AC	70000C	70000AC
					70000C	70000AC							
(0)2 系列													
7204C	7204AC	20	47	14	11.5	14.9	26	41	1	11.2	10.8	7.46	7.00
7205C	7205AC	25	52	15	12.7	16.4	31	46	1	12.8	12.2	8.95	8.38
7206C	7206AC	30	62	16	14.2	18.7	36	56	1	17.8	16.8	12.8	12.2
7207C	7204AC	35	72	17	15.7	21	42	65	1	23.5	22.5	17.5	16.5
7208C	7208AC	40	80	18	17	23	47	73	1	26.8	25.8	20.5	19.2
7209C	7209AC	45	85	19	18.2	24.7	52	78	1	29.8	28.2	23.8	22.5
7210C	7210AC	50	90	20	19.4	26.3	57	83	1	32.8	31.5	26.8	25.2
7211C	7211AC	55	100	21	20.9	28.6	64	91	1.5	40.8	38.8	33.8	31.8
7212C	7212AC	60	110	22	22.4	30.8	69	101	1.5	44.8	42.8	37.8	35.5
7213C	7213AC	65	120	23	24.5	33.5	74.4	111	1.5	53.8	51.2	46.0	43.2
7214C	7214AC	70	125	24	25.3	35.1	79	116	1.5	56.0	53.2	49.2	46.2
7215C	7215AC	75	130	25	26.4	36.6	84	121	1.5	60.8	57.8	54.2	50.8
7216C	7216AC	80	140	26	27.7	38.9	90	130	2	68.8	65.5	63.2	59.2
7217C	7217AC	85	150	28	29.9	41.6	95	140	2	76.8	72.8	69.8	65.5
7218C	7218AC	90	160	30	31.7	44.2	100	150	2	94.2	89.8	87.8	82.2
7219C	7219AC	95	170	32	33.8	46.9	107	158	2.1	102	98.8	95.5	89.5
7220C	7220AC	100	180	34	35.8	49.7	112	168	2.1	140	108	115	100

续表

轴承代号		基本尺寸/mm					安装尺寸/mm			基本额定动负荷 C_r/kN		基本额定静负荷 C_{0r}/kN	
		d	D	B	a		d_a (min)	D_a (max)	r_{as} (max)	70000C	70000AC	70000C	70000AC
					70000C	70000AC							
(0)3 系列													
7301C	7301AC	12	37	12	8.6	12	18	31	1	8.10	8.08	5.22	4.88
7302C	7302AC	15	42	13	9.6	13.5	21	36	1	9.38	9.08	5.95	5.58
7303C	7303AC	17	47	14	10.4	14.8	23	41	1	12.8	11.5	8.62	7.08
7304C	7304AC	20	52	15	11.3	16.3	27	45	1	14.2	13.8	9.68	9.10
7305C	7305AC	25	62	17	13.1	19.1	32	55	1	21.5	20.8	15.8	14.8
7306C	7306AC	30	72	19	15	22.2	37	65	1	26.2	25.5	19.8	18.5
7307C	7307AC	35	80	21	16.6	24.5	44	71	1.5	34.2	32.8	26.8	24.8
7308C	7308AC	40	90	23	18.5	27.5	49	81	1.5	40.2	38.5	32.3	30.5
7309C	7309AC	45	100	25	20.2	30.2	54	91	1.5	49.2	47.5	39.8	37.2
7310C	7310AC	50	110	27	22	33	60	100	2	53.5	55.5	47.5	44.5
7311C	7311AC	55	120	29	23.8	35.8	65	110	2	70.5	67.2	60.5	56.8
7312C	7312AC	60	130	31	25.6	38.9	72	118	2.1	80.5	77.8	70.2	65.2
1313C	7313AC	65	140	33	27.4	41.5	77	128	2.1	91.5	89.8	80.5	75.5
1314C	7314AC	70	150	35	29.2	44.3	82	138	2.1	102	98.5	91.5	86.0
7315C	7315AC	75	160	37	31	47.2	87	148	2.1	112	108	105	97.0
7316C	7316AC	80	170	39	32.8	50	92	158	2.1	122	118	118	108
7318C	7318AC	90	190	43	36.4	55.6	104	176	2.5	142	135	142	138
7320C	7320AC	100	215	47	40.2	61.9	114	201	2.5	162	165	175	178
(0)4 系列													
	7406AC	30	90	23		26.1	39	81	1		42.5		32.2
	7407AC	35	100	25		29	44	91	1.5		53.8		42.5
	7408AC	40	110	27		34.6	50	100	2		62.0		49.5
	7409AC	45	120	29		38.7	55	110	2		66.8		52.8
	7410AC	50	130	31		37.4	62	118	2.1		76.5		56.5
	7412AC	60	150	35		43.1	72	138	2.1		102		90.8
	7414AC	70	180	42		51.5	84	166	2.5		125		125
	7416AC	80	200	48		58.1	94	186	2.5		152		162
	7418AC	90	215	54		64.8	108	197	3		178		205

表 18-3 圆锥滚子轴承（GB/T 297—1994）

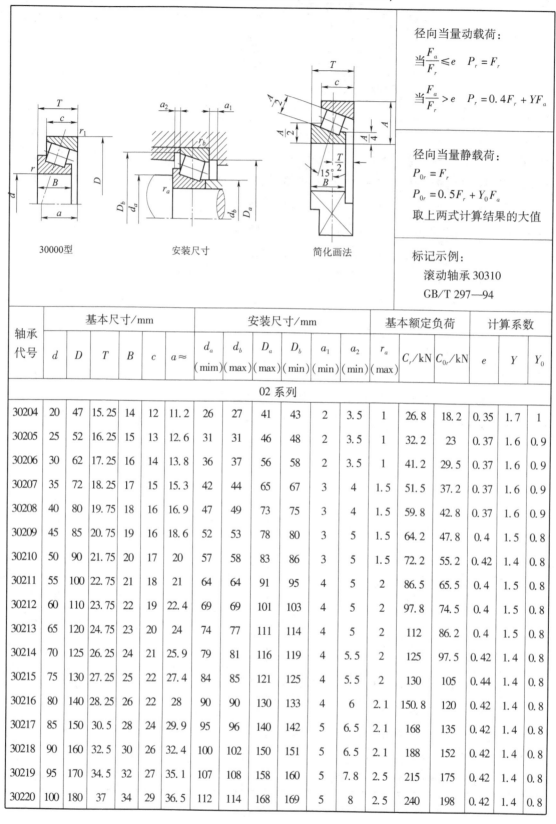

径向当量动载荷：

当 $\dfrac{F_a}{F_r} \le e$ $P_r = F_r$

当 $\dfrac{F_a}{F_r} > e$ $P_r = 0.4F_r + YF_a$

径向当量静载荷：

$P_{0r} = F_r$

$P_{0r} = 0.5F_r + Y_0 F_a$

取上两式计算结果的大值

标记示例：
滚动轴承 30310
GB/T 297—94

轴承代号	基本尺寸/mm						安装尺寸/mm							基本额定负荷		计算系数		
	d	D	T	B	c	$a\approx$	d_a(min)	d_b(max)	D_a(max)	D_b(min)	a_1(min)	a_2(min)	r_a(max)	C_r/kN	C_{0r}/kN	e	Y	Y_0
02 系列																		
30204	20	47	15.25	14	12	11.2	26	27	41	43	2	3.5	1	26.8	18.2	0.35	1.7	1
30205	25	52	16.25	15	13	12.6	31	31	46	48	2	3.5	1	32.2	23	0.37	1.6	0.9
30206	30	62	17.25	16	14	13.8	36	37	56	58	2	3.5	1	41.2	29.5	0.37	1.6	0.9
30207	35	72	18.25	17	15	15.3	42	44	65	67	3	4	1.5	51.5	37.2	0.37	1.6	0.9
30208	40	80	19.75	18	16	16.9	47	49	73	75	3	4	1.5	59.8	42.8	0.37	1.6	0.9
30209	45	85	20.75	19	16	18.6	52	53	78	80	3	5	1.5	64.2	47.8	0.4	1.5	0.8
30210	50	90	21.75	20	17	20	57	58	83	86	3	5	1.5	72.2	55.2	0.42	1.4	0.8
30211	55	100	22.75	21	18	21	64	64	91	95	4	5	2	86.5	65.5	0.4	1.5	0.8
30212	60	110	23.75	22	19	22.4	69	69	101	103	4	5	2	97.8	74.5	0.4	1.5	0.8
30213	65	120	24.75	23	20	24	74	77	111	114	4	5	2	112	86.2	0.4	1.5	0.8
30214	70	125	26.25	24	21	25.9	79	81	116	119	4	5.5	2	125	97.5	0.42	1.4	0.8
30215	75	130	27.25	25	22	27.4	84	85	121	125	4	5.5	2	130	105	0.44	1.4	0.8
30216	80	140	28.25	26	22	28	90	90	130	133	4	6	2.1	150.8	120	0.42	1.4	0.8
30217	85	150	30.5	28	24	29.9	95	96	140	142	5	6.5	2.1	168	135	0.42	1.4	0.8
30218	90	160	32.5	30	26	32.4	100	102	150	151	5	6.5	2.1	188	152	0.42	1.4	0.8
30219	95	170	34.5	32	27	35.1	107	108	158	160	5	7.8	2.5	215	175	0.42	1.4	0.8
30220	100	180	37	34	29	36.5	112	114	168	169	5	8	2.5	240	198	0.42	1.4	0.8

续表

轴承代号	基本尺寸/mm						安装尺寸/mm							基本额定负荷		计算系数		
	d	D	T	B	c	$a\approx$	d_a (min)	d_b (max)	D_a (max)	D_b (min)	a_1 (min)	a_2 (min)	r_a (max)	C_r/kN	C_{0r}/kN	e	Y	Y_0
03 系列																		
30304	20	52	16.25	15	13	11	27	28	45	48	3	3.5	1.5	31.5	20.8	0.3	2	1.1
30305	25	62	18.25	17	15	13	32	34	55	58	3	3.5	1.5	44.5	30	0.3	2	1.1
30306	30	72	20.75	19	16	15	37	40	65	66	3	5	1.5	55.8	38.5	0.31	1.9	1
30307	35	80	22.75	21	18	17	44	45	71	74	3	5	2	71.5	50.2	0.31	1.9	1
30308	40	90	25.25	23	20	19.5	49	52	81	84	3	5.5	2	86.2	63.8	0.35	1.7	1
30309	45	100	27.75	25	22	21.5	54	59	91	94	3	5.5	2	102	76.2	0.35	1.7	1
30310	50	110	29.25	27	23	23	60	65	100	103	4	6.5	2.1	122	92.5	0.35	1.7	1
30311	55	120	31.5	29	25	25	65	70	110	112	4	6.5	2.1	145	112	0.35	1.7	1
30312	60	130	33.5	31	26	26.5	72	76	118	121	5	7.5	2.5	162	125	0.35	1.7	1
30313	65	140	36	33	28	29	77	83	128	131	5	8	2.5	185	142	0.35	1.7	1
30314	70	150	38	35	30	30.6	82	89	138	141	5	8	2.5	208	162	035	1.7	1
30315	75	160	40	37	31	32	87	95	148	150	5	9	2.5	238	188	0.35	1.7	1
30316	80	170	42.5	39	33	34	92	102	158	160	5	9.5	2.5	262	208	0.35	1.7	1
30317	85	180	44.5	41	34	36	99	107	166	168	6	10.5	3	288	228	0.35	1.7	1
30318	90	190	46.5	43	36	37.5	104	113	176	178	6	10.5	3	322	260	0.35	1.7	0.8
30319	95	200	49.5	45	38	40	109	118	186	185	6	11.5	3	348	282	0.35	1.7	1
30320	100	215	51.5	47	39	42	114	127	201	199	6	12.5	3	382	310	0.35	1.7	1
22 系列																		
32206	30	62	21.5	20	17	15.4	36	36	56	58	3	4.5	1	49.2	37.2	0.37	1.6	0.9
32207	35	72	24.25	23	19	17.6	42	42	65	68	3	5.5	1.5	67.5	52.5	0.37	1.6	0.9
32208	40	80	24.75	23	19	19	47	48	73	75	3	6	1.5	74.2	56.8	0.37	1.6	0.9
32209	45	85	24.75	23	19	20	52	53	78	81	3	6	1.5	79.5	62.8	0.	1.5	0.8
32210	50	90	24.75	23	19	21	57	57	83	86	3	6	1.5	84.8	68	0.42	1.4	0.8
32211	55	100	26.75	25	21	22.5	64	62	91	96	4	6	2	102	81.5	0.4	1.5	0.8
32212	60	110	29.75	28	24	24.9	69	68	101	105	4	6	2	125	102	0.4	1.5	0.8
32213	65	120	32.75	31	27	27.2	74	75	111	115	4	6	2	152	125	0.42	1.5	0.8
32214	70	125	33.5	31	27	28.6	79	79	116	120	4	6.5	2	158	135	0.44	1.4	0.8
32215	75	130	33.25	31	27	30.2	84	84	121	126	4	6.5	2	160	135	0.42	1.4	0.8
32216	80	140	35.25	33	28	31.3	90	89	130	135	5	7.5	2.1	188	158	0.42	1.4	0.8
32217	85	150	42.5	36	30	34	95	95	140	143	5	8.5	2.1	215	185	0.42	1.4	0.8
32218	90	160	45.5	40	34	36.7	100	101	150	153	5	8.5	2.1	258	225	0.42	1.4	0.8
32219	95	170	45.5	43	37	39	107	106	158	163	5	8.5	2.5	285	255	0.42	1.4	0.8
32220	100	180	49	46	39	41.8	112	113	168	172	5	10	2.5	322	292	0.42	1.4	0.8
23 系列																		
32304	20	52	22.52	21	18	13.4	27	28	45	48	3	4.5	1.5	40.8	28.8	0.3	2	1.1
32305	25	62	25.25	24	20	15.5	32	32	55	58	3	5.5	1.5	58	42.5	0.3	2	1.1
32306	30	72	28.75	27	23	18.8	37	38	65	66	4	6	1.5	77.5	58.8	0.31	1.9	1
32307	35	80	32.75	31	25	20.5	44	43	71	74	4	8	2	93.3	72.2	0.31	1.9	1
32307	40	90	35.25	33	27	23.4	49	49	81	83	4	8.5	2	110	87.8	0.35	1.7	1

续表

轴承代号	基本尺寸/mm						安装尺寸/mm							基本额定负荷		计算系数		
	d	D	T	B	c	$a\approx$	d_a(min)	d_b(max)	D_a(max)	D_b(min)	a_1(min)	a_2(min)	r_a(max)	C_r/kN	C_{0r}/kN	e	Y	Y_0
23 系列																		
32309	45	100	38.25	36	30	25.6	54	56	91	93	4	8.5	2	138	111.8	0.35	1.7	1
32310	50	110	42.25	40	33	28	60	61	100	102	5	9.5	2.1	168	140	0.35	1.7	1
32311	55	120	45.5	43	35	30.6	65	66	110	111	5	10.5	2.1	192	162	0.35	1.7	1
32312	60	130	48.5	46	37	32	72	72	118	122	6	11.5	2.5	215	180	0.35	1.7	1
32313	65	140	51	48	39	34	77	79	128	131	6	12	2.5	245	208	0.35	1.7	1
32314	70	150	54	51	42	36.5	82	84	138	141	6	12	2.5	285	242	0.35	1.7	1
32315	75	160	58	55	45	39	87	91	148	150	7	13	2.5	328	288	0.35	1.7	1
32316	80	170	61.5	58	48	42	92	97	158	160	7	13.5	2.5	365	322	0.35	1.7	1
32317	85	180	63.5	60	49	43.6	99	102	166	168	8	14.5	3	398	352	0.35	1.7	1
32318	90	190	67.5	64	53	46	104	107	176	178	8	14.5	3	452	405	0.35	1.7	1
32319	95	200	71.5	67	55	49	109	114	186	187	8	16.5	3	488	438	0.35	1.7	1
32320	100	215	77.5	73	60	53	114	122	201	201	8	17.5	3	568	515	0.35	1.7	1

18.2 滚动轴承的配合

滚动轴承的配合相关标准见表 18-4。

表 18-4 向心轴承和轴的配合、轴公差带代号（GB/T 275—1993）

运转状态		载荷状态	深沟球轴承 角接触球轴承	圆柱滚子轴承 圆锥滚子轴承	调心滚子轴承	公差带
说明	举例		轴承公称内径 d/mm			
内圈相对载荷方向旋转或摆动	传送带、机床（主轴）、泵、通风机	轻 $P_r \leq 0.07 G_r$	≤18 >18~100 >100~200	— ≤40 >40~140	— ≤40 >40~140	h5 j6[①] k6[①]
	变速箱、一般通用机械、内燃机、木工机械	正常 $P_r = (0.07 \sim 0.15) C_r$	≤18 >18~100 >100~140 >140~200	— ≤40 >40~100 >100~140	— ≤40 >40~100 >100~140	j5, js5 k5[②] m5 m6
	破碎机、铁路车辆、轧机	重 $P_r > 0.15 C_r$		>50~140 >40~200	>50~100 >100~140	n6 p6
内圈相对于载荷方向静止	静止轴上的各种轮子	所有载荷	所有尺寸			f6, g6[①]
	张紧滑轮、绳索轮					h6, j6
仅受轴向载荷			所有尺寸			j6[①]
						js6

注：① 凡对精度有较高要求的场合，应用 j5、k5…代替 j6、k6…。
② 单列圆锥滚子轴承、角接触球轴承配合对游隙影响不大，可用 k6、m6 代替 k5、m5。

19 电 动 机

19.1 常用电动机的技术参数

常用电动机的技术参数见表19-1。

表19-1 Y系列（IP44）电动机的技术数据

电动机型号	额定功率 /kW	满载转速 /(r·min^{-1})	堵转转矩/额定转矩	最大转矩/额定转矩	质量/kg
同步转速3 000 r/min，2极					
Y801-2	0.75	2 825	2.2	2.3	16
Y802-2	1.1	2 825	2.2	2.3	17
Y90S-2	1.5	2 840	2.2	2.3	22
Y90L-2	2.2	2 840	2.2	2.3	25
Y100L-2	3	2 870	2.2	2.3	33
Y112M-2	4	2 890	2.2	2.3	45
Y132S1-2	5.5	2 900	2.0	2.3	64
Y132S2-2	7.5	2 900	2.0	2.3	70
Y160M1-2	11	2 930	2.0	2.3	117
Y160M2-2	15	2 930	2.0	2.2	125
Y160L-2	18.5	2 930	2.0	2.2	147
Y180M-2	22	2 940	2.0	2.2	180
Y200L1-2	30	2 950	2.0	2.2	240
Y200L2-2	37	2 950	2.0	2.2	255
Y225M-2	45	2 970	2.0	2.2	309
Y250M-2	55	2 970	2.0	2.2	403
Y801-4	0.55	1 390	2.4	2.3	17
Y802-4	0.75	1 390	2.3	2.3	18
Y90S-4	1.1	1 400	2.3	2.3	22
Y90L-4	1.5	1 400	2.3	2.3	27
Y100L1-4	2.2	1 430	2.2	2.3	34
Y100L2-4	3	1 430	2.2	2.3	38

续表

电动机型号	额定功率/kW	满载转速/(r·min^{-1})	堵转转矩/额定转矩	最大转矩/额定转矩	质量/kg
同步转速1 500 r/min，4极					
Y112M-4	4	1 440	2.2	2.3	43
Y132S-4	5.5	1 440	2.2	2.3	68
Y132M-4	7.5	1 440	2.2	2.3	81
Y160M-4	11	1 460	2.2	2.3	123
Y160L-4	15	1 460	2.2	2.3	144
Y180M-4	18.5	1 470	2.0	2.2	182
Y180L-4	22	1 470	2.0	2.2	190
Y200L-4	30	1 470	2.0	2.2	270
Y225S-4	37	1 480	1.9	2.2	284
Y225M-4	45	1 480	1.9	2.2	320
Y250M-4	55	1 480	2.0	2.2	427
Y280S-4	75	1 480	1.9	2.2	562
Y280M-4	90	1 480	1.9	2.2	667
同步转速3 000 r/min，2极					
Y132S1-2	5.5	2 900	2.0	2.3	64
Y132S2-2	7.5	2 900	2.0	2.3	70
Y160M1-2	11	2 930	2.0	2.3	117
Y160M2-2	15	2 930	2.0	2.2	125
Y160L-2	18.5	2 930	2.0	2.2	147
Y180M-2	22	2 940	2.0	2.2	180
Y200L1-2	30	2 950	2.0	2.2	240
Y200L2-2	37	2 950	2.0	2.2	255
Y225M-2	45	2 970	2.0	2.2	309
Y250M-2	55	2 970	2.0	2.2	403
Y801-4	0.55	1 390	2.4	2.3	17
Y802-4	0.75	1 390	2.3	2.3	18
Y90S-4	1.1	1 400	2.3	2.3	22
Y90L-4	1.5	1 400	2.3	2.3	27
Y100L1-4	2.2	1 430	2.2	2.3	34
Y100L2-4	3	1 430	2.2	2.3	38

续表

电动机型号	额定功率/kW	满载转速/(r·min^{-1})	堵转转矩/额定转矩	最大转矩/额定转矩	质量/kg
同步转速 1 500 r/min，4 极					
Y112M-4	4	1 440	2.2	2.3	43
Y132S-4	5.5	1 440	2.2	2.3	68
Y132M-4	7.5	1 440	2.2	2.3	81
Y160M-4	11	1 460	2.2	2.3	123
Y160L-4	15	1 460	2.2	2.3	144
Y180M-4	18.5	1 470	2.0	2.2	182
Y180L-4	22	1 470	2.0	2.2	190
Y200L-4	30	1 470	2.0	2.2	270
Y225S-4	37	1 480	1.9	2.2	284
Y225M-4	45	1 480	1.9	2.2	320
Y250M-4	55	1 480	2.0	2.2	427
Y280S-4	75	1 480	1.9	2.2	562
Y280M-4	90	1 480	1.9	2.2	667

19.2 常用电动机特点、用途及安装形式

常用电动机特点、用途及安装形式见表19-2~表19-5。

表19-2 Y系列电动机安装代号

安装形式	基本安装形式	由B3派生的安装形式				
	B3	V5	V6	B6	B7	B8
示意图						
中心高/mm	80~280	80~160				
安装形式	基本安装形式	由B5派生的安装形式		基本安装形式	由B35派生的安装形式	
	B5	V1	V3	B35	V15	V36
示意图						
中心高/mm	80~225	80~280	80~160	80~280	80~160	

表19-3 机座带底脚、端盖无凸缘（B3，B6，B7，B8，V5，V6型）电动机的安装及外形尺寸

mm

机座号	极数	A	B	C	D	E	F	G	H	K	AB	AC	AD	HD	BB	L
80	2、4	125	100	50	19	40	6	15.5	80	10	165	165	150	170	130	285
90S	2、4、6	140	125	56	24	50	8	20	90	10	180	175	155	190	155	310
90L		140	125	56	24 +0.009 −0.004	50	8	20	90	10	180	175	155	190	155	335
100L		160	140	63	28	60	8	24	100	12	205	205	180	245	170	380
112M		190	140	70	28	60	8	24	112	12	245	230	190	265	180	400
132S	2、4、6、8	216	178	89	38	80	10	33	132	12	280	270	210	315	200	475
132M		216	178	89	38	80	10	33	132	12	280	270	210	315	238	515
160M		254	210	108	42 +0.018 +0.002	110	12	37	160	15	330	325	255	385	270	600
160L		254	254	108	42	110	12	37	160	15	330	325	255	385	314	645
180M		279	241	121	48	110	14	42.5	180	15	355	360	285	430	311	670
180L		279	279	121	48	110	14	42.5	180	15	355	360	285	430	349	710
200L		318	305	133	55		16	49	200	19	395	400	310	475	379	775
225S	4、8	356	286	149	60	140	18	53	225	19	435	450	345	530	368	820
225M	2	356	311	149	55	110	16	49	225	19	435	450	345	530	393	815
225M	4、6、8	356	311	149	60	140	18	53	225	19	435	450	345	530	393	845
250M	2	406	349	168	60 +0.030 +0.011	140	18	53	250	24	490	495	385	575	455	930
250M	4、6、8	406	349	168	65	140	18	58	250	24	490	495	385	575	455	930
280S	2	457	368	190	65	140	18	58	280	24	550	555	410	640	530	1 000
280S	4、6、8	457	368	190	75	140	20	67.5	280	24	550	555	410	640	530	1 000
280M	2	457	419	190	65	140	18	58	280	24	550	555	410	640	581	1 050
280M	4、6、8	457	419	190	75	140	20	67.5	280	24	550	555	410	640	581	1 050

表 19-4 机座带底脚、端盖有凸缘（B35, V15, V36）电动机的安装及外形尺寸

mm

机座号	极数	A	B	C_1	D	E	F	G	H	K	M	N	P	R	S	T	凸缘孔数	AB	AC	AD	HD	BB	L
80	2、4	125	100	50	19 $^{+0.009}_{-0.004}$	40	6	15.5	80	10	165	130	200	0	12	3.5	4	165	165	150	170	130	285
90S	2、4、6	140	100	56	24	50	8	20	90	10	165	130	200	0	12	3.5	4	180	175	155	190	155	310
90L	2、4、6	140	125	56	24	50	8	20	90	10	165	130	200	0	12	3.5	4	180	175	155	190	155	335
100L	2、4、6	160	140	63	28	60	8	24	100	12	215	180	250	0	15	4	4	205	205	180	245	170	380
112M	2、4、6	190	140	70	28	60	8	24	112	12	215	180	250	0	15	4	4	245	230	190	265	180	400
132S	2、4、6、8	216	178	89	38 $^{+0.018}_{+0.002}$	80	10	33	132	12	265	230	300	0	15	4	4	280	270	210	315	200	475
132M	2、4、6、8	216	210	89	38	80	10	33	132	12	265	230	300	0	15	4	4	280	270	210	315	238	515
160M	2、4、6、8	254	210	108	42	110	12	37	160	15	300	250	350	0	15	4	4	330	325	255	385	270	600
160L	2、4、6、8	254	254	108	42	110	12	37	160	15	300	250	350	0	15	4	4	330	325	255	385	314	645
180M	2、4、6、8	279	241	121	48	110	14	42.5	180	15	300	250	350	0	15	4	4	355	360	285	430	311	670
180L	2、4、6、8	279	279	121	48	110	14	42.5	180	15	300	250	350	0	15	4	4	355	360	285	430	349	710
200L	2、4、6、8	318	305	133	55	140	16	49	200	19	350	300	400	0	19	5	8	395	400	310	475	379	775
225S	4、8	356	286	149	55	110	16	49	225	19	400	350	450	0	19	5	8	435	450	345	530	368	820
225M	2	356	311	149	55	110	16	49	225	19	400	350	450	0	19	5	8	435	450	345	530	393	815
225M	4、6、8	356	311	149	60	140	18	53	225	19	400	350	450	0	19	5	8	435	450	345	530	393	845
250M	2	406	349	168	60 $^{+0.030}_{+0.011}$	140	18	53	250	24	500	450	550	0	19	5	8	490	495	385	575	455	930
250M	4、6、8	406	349	168	65	140	18	58	250	24	500	450	550	0	19	5	8	490	495	385	575	455	930
280S	2	457	368	190	65	140	18	58	280	24	500	450	550	0	19	5	8	550	555	410	640	530	1 000
280S	4、6、8	457	368	190	75	140	20	67.5	280	24	500	450	550	0	19	5	8	550	555	410	640	530	1 000
280M	2	457	419	190	65	140	18	58	280	24	500	450	550	0	19	5	8	550	555	410	640	581	1 050
280M	4、6、8	457	419	190	75	140	20	67.5	280	24	500	450	550	0	19	5	8	550	555	410	640	581	1 050

注：1. Y80~200 时，γ=45°；Y225~Y280 时，γ=22.5°。
2. N 的极限偏差 130 和 180 为 $^{+0.014}_{-0.011}$，230 和 250 为 $^{+0.016}_{-0.013}$，300 为 ±0.016，350 为 ±0.018，450 为 ±0.020。

表 19-5 机座不带底脚、端盖有凸缘（B5、V3型）和立式安装、机座不带底脚、端盖有凸缘、轴伸向下（V1型）电动机的安装及外形尺寸 mm

机座号	极数	D		E	F	G	M	N	P	R	S	T	凸缘孔数	AC	AD	HE(HE)	L(L)
80	2、4	19	+0.009 -0.004	40	6	15.5	165	130j6	200	0	12	3.5	4	165	150	185	285
90S	2、4、6	24		50	8	20	215	180j6	250					175	155	195	310
90L	2、4、6	24		50	8	20	215	180j6	250					175	155	195	335
100L		28		60	8	24	215	180j6	250		15			205	180	245	380
112M		28		60	8	24	215	180j6	250		15			230	190	265	400
132S	2、4、6、8	38	+0.018 +0.002	80	10	33	265	230j6	300			4		270	210	315	475
132M		38		80	10	33	265	230j6	300					270	210	315	515
160M		42		110	12	37	300	250j6	350					325	255	385	600
160L		42		110	12	37	300	250j6	350					325	255	385	645
180M		48		110	14	42.5	350	300j6	400		19	5	8	360	285	430(500)	670(730)
180L		48		110	14	42.5	350	300j6	400					360	285	430(500)	710(770)
200L		55		110	16	49	400	350j6	450					400	310	480(550)	775(850)
225S	4、8	60		140	18	53	400	350j6	450					400	310	480(550)	820(910)
225M	2	55		110	16	49	400	350j6	450					450	345	535(610)	815(905)
225M	4、6、8	60		140	18	53	400	350j6	450					450	345	535(610)	845(935)
250M	2	60	+0.030 +0.011	140	18	53	500	450j6	550					495	385	(650)	(1 035)
250M	4、6、8	65		140	18	58	500	450j6	550					495	385	(650)	(1 035)
280S	2	65		140	18	58	500	450j6	550					555	410	(720)	(1 120)
280S	4、6、8	75		140	20	67.5	500	450j6	550					555	410	(720)	(1 120)
280M	2	65		140	18	58	500	450j6	550					555	410	(720)	(1 170)
280M	4、6、8	75		140	20	67.5	500	450j6	550					555	410	(720)	(1 170)

20 润滑与密封

20.1 润 滑

机械润滑相关知识见表20-1~表20-8。

表20-1 常用润滑油的主要性质和用途

名　称	代　号	运动黏度/(mm²·s⁻¹) 40/℃	100/℃	倾点/℃ ≤	闪点（开口）/℃ ≥	主要用途
全损耗系统用油（GB/T 443—1989）	L-AN5	4.14~5.06	—	-5	80	用于各种高速轻载机械轴承的润滑和冷却（循环式或油箱式），如转速在10 000 r/min以上的精密机械、机床及纺织锭的润滑和冷却
	L-AN7	6.12~7.48			110	
	L-AN10	9.00~11.0			130	
	L-AN15	13.5~16.5			150	用于小型机床齿轮箱、传动装置轴承，中小型电机，风动工具等
	L-AN22	19.8~24.2				
	L-AN32	28.8~35.2				用于一般机床齿轮变速箱、中小型机床导轨及100 kW以上电机轴承
	L-AN46	41.4~50.6			160	主要用于大型机床、大型刨床
	L-AN68	61.2~74.8				
	L-AN100	90.0~110			180	主要用在低速重载的纺织机械及重型机床、锻压、铸工设备
	L-AN150	135~165				
工业闭式齿轮油（GB/T 5903—1995）	L-CKC68	61.2~74.8		-8	180	适用于煤炭、水泥、冶金工业部门大型封闭式、齿轮传动装饰的润滑
	L-CKC100	90.0~110				
	L-CKC150	135~165			200	
	L-CKC220	198~242				
	L-CKC320	288~352				
	L-CKC460	414~506		-5	220	
	L-CKC680	612~748				

续表

名称	代号	运动黏度/(mm² · s⁻¹) 40/℃	运动黏度/(mm² · s⁻¹) 100/℃	倾点/℃ ≤	闪点（开口）/℃ ≥	主要用途
液压油 (GB/T 11118.1—1989)	L-HL15	13.5~16.5	—	-12	140	适用于机床和其他设备的低压齿轮泵，也可以用于使用其他抗氧防锈型润滑油的机械设备（如轴承和齿轮等）
	L-HL22	19.8~24.2		-9		
	L-HL32	28.8~35.2			160	
	L-HL46	41.4~50.6		-6		
	L-HL68	61.2~74.8			180	
	L-HL100	90.0~110				
QB汽轮机润滑油 (GB/T 485—1984) (1998年确认)	20号	—	6~9.3	-20	185	用于汽车、拖拉机汽化器、发动机汽缸活塞的润滑，以及各种中、小型柴油机等动力设备的润滑
	30号		10~<12.5	-15	200	
	40号		12.5~<16.3	-5	210	
L—CKE/P蜗轮蜗杆油 (SH0094—1991)	220	198~242	—	-12	—	用于铜-钢配对的圆柱形、承受重负荷、传动中有振动和冲击的蜗轮蜗杆副
	320	288~352				
	460	414~506				
	680	612~748				
	1 000	900~1 100				

表 20-2 常用润滑脂的主要性质和用途

名称	代号	滴点/℃（不低于）	工作锥入度（25℃，150g）×（1/10）/mm	主要用途
钙基润滑脂 (GB491—87)	L-XAAMHA1	80	310~340	有耐水性能。用于工作温度低于55℃~60℃的各种工农业、交通运输机械设备的轴承润滑，特别是有水或潮湿的环境
	L-XAAMHA2	85	265~295	
	L-XAAMHA3	90	220~250	
	L-XAAMHA4	95	175~205	
钠基润滑脂 (GB 492—89)	L-XACMGA2	160	265~295	不耐水或不耐潮湿。用于工作温度在-10℃~110℃的一般中负荷机械设备轴承润滑
	L-XACMGA3	—	220~250	
通用锂基润滑脂 (GB 7234—87)	ZL-1	170	310~340	有良好的耐水性和耐热性。适用于温度在-12℃~120℃范围内各种机械的滚动轴承、滑动轴承及其他摩擦部位的润滑
	ZL-2	175	265~295	
	ZL-3	180	220~250	

续表

名称	代号	滴点/℃（不低于）	工作锥入度（25 ℃，150g）×（1/10）/mm	主要用途
钙钠基润滑脂（ZBE 36001—88）	ZGN-11	20	250~290	用于工作温度在80 ℃~1 000 ℃、有水分或较潮湿环境中工作的机械润滑，多用于铁路机车、列车、小电动机、发电机滚动轴承（温度较高者）的润滑。不适于低温工作
	ZGN-2	135	200~240	
石墨钙基润滑脂（ZBE 36002—88）	ZG-S	80	—	人字齿轮，起重机、挖掘机的底盘齿轮，矿山机械、绞车钢丝绳等高负荷、高压力、低速度的粗糙机械润滑及一般开式齿轮润滑。能耐潮湿
滚珠轴承脂（SY 1514—82）	ZGH69-2	120	250~290（-40 ℃时为30）	用于机车、汽车、电机及其他机械的滚动轴承润滑
7407号齿轮润滑脂（SY 4036—84）	—	160	75~90	适用于各种低速，中、重载荷齿轮、链和联轴器等的润滑，使用温度≤1 200 ℃，可承受冲击载荷
高温润滑脂（GB 11124—89）	7014-1	280	62~75	适用于高温下各种滚动轴承的润滑，也可用于一般滑动轴承和齿轮的润滑。使用温度为-40 ℃~+200 ℃
工业用凡士林（GB 6731—86）	—	54	—	适用于作金属零件、机器的防锈，在机械的温度不高和负荷不大时，可用作减摩擦润滑脂
精密机床主轴润滑脂（SH/T 0382—1992）	2	180	265~295	用于精密机床主轴润滑
	3		220~250	

表 20-3 直通式压注油杯（摘自 GB/T 1152—1989）

mm

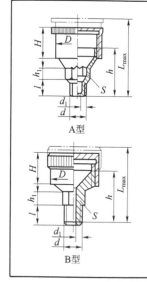

d	H	h	h_1	S	钢球（按 GB/T 308—2002）
M6	13	8	6	8	3
M8×1	16	9	6.5	10	3
M10×1	18	10	7	11	3

标记示例：
连接螺纹 M10×1、直通式压注油杯的标记为：
油杯 M10×1 GB/T 1152—1989

表 20-4 旋盖式油杯（摘自 GB/T 1154—1989）

mm

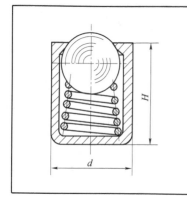

最小容量/cm³	d	l	H	h	h_1	d_1	D A型	D B型	L_{max}	S 基本尺寸	S 极限偏差
1.5	M8×1	8	14	22	7	3	16	18	33	10	0 −0.22
3	M10×1	—	15	23	8	4	20	22	35	13	0 −0.27
6	—	—	17	26	—	—	26	28	40	—	
12	M14×1.5	12	20	30	10	5	32	34	47	18	
18	—	—	22	32	—	—	36	40	50	—	
25	—	—	24	34	—	—	41	44	55	—	
50	M16×1.5	—	30	44	—	—	51	54	70	21	0 −0.33
100	—	—	38	52	—	—	68	68	85	—	
200	M24×1.5	16	48	64	16	6	—	86	105	30	

标记示例：油杯 A 25 GB/T 1154—1989（最小容量 25 cm³，A 型旋盖式油杯）

表 20-5 压配式压注油杯（摘自 GB/T 1155—1989）

mm

d 基本尺寸	d 极限偏差	H	钢 球（按 GB/T 308—2002）
6	+0.040 +0.028	6	4
8	+0.049 +0.034	10	5
10	+0.058 +0.040	12	6
16	+0.063 +0.045	20	11
25	+0.085 +0.064	30	13

标记示例：油杯 6 GB/T 1155—1989（d = 6 mm，压配式注油杯）

表 20-6 接头式压注油杯（摘自 GB/T 1153—1989）

mm

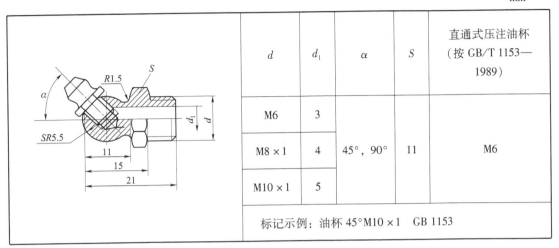

d	d_1	α	S	直通式压注油杯（按 GB/T 1153—1989）
M6	3	45°，90°	11	M6
M8×1	4			
M10×1	5			

标记示例：油杯 45°M10×1 GB 1153

表 20-7 压配式圆形油杯（摘自 GB/T 1160.1—1989）

mm

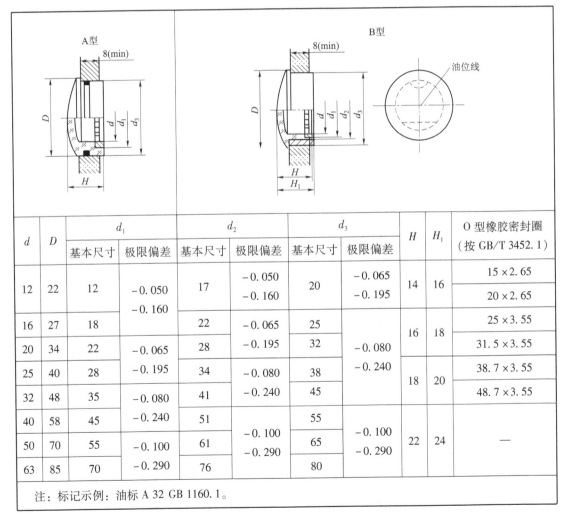

d	D	d_1 基本尺寸	d_1 极限偏差	d_2 基本尺寸	d_2 极限偏差	d_3 基本尺寸	d_3 极限偏差	H	H_1	O 型橡胶密封圈（按 GB/T 3452.1）
12	22	12	-0.050 -0.160	17	-0.050 -0.160	20	-0.065 -0.195	14	16	15×2.65 20×2.65
16	27	18		22	-0.065 -0.195	25	-0.080 -0.240	16	18	25×3.55
20	34	22	-0.065 -0.195	28		32				31.5×3.55
25	40	28		34	-0.080 -0.240	38		18	20	38.7×3.55
32	48	35	-0.080 -0.240	41		45				48.7×3.55
40	58	45		51	-0.100 -0.290	55	-0.100 -0.290	22	24	—
50	70	55	-0.100 -0.290	61		65				
63	85	70		76		80				

注：标记示例：油标 A 32 GB 1160.1。

表 20-8　长形油杯（A 型）（摘自 GB/T 1161—1989）

mm

H 基本尺寸	H 极限偏差	H_1	L	n（游标刻线条数）
80	±0.17	40	110	2
100		60	130	3
125	±0.20	80	155	4
160		120	190	6
O 形橡胶密封圈（按 GB 3452.1）		六角螺母（按 GB 6172）		弹性垫圈（按 GB 861）
10×2.65		M10		10
标记示例：油标 45° M10×1 GB 1153				

20.2　密　　封

密封相关知识见表 20-9～表 20-12。

表 20-9　毡圈油封及槽（JB/ZQ 4606—1986）

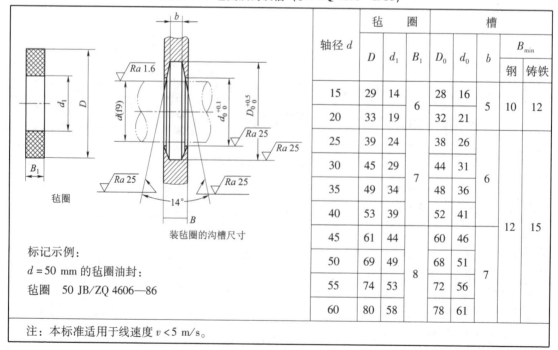

轴径 d	毡圈			槽			B_{min}	
	D	d_1	B_1	D_0	d_0	b	钢	铸铁
15	29	14	6	28	16	5	10	12
20	33	19		32	21			
25	39	24	7	38	26	6		
30	45	29		44	31			
35	49	34		48	36			
40	53	39		52	41		12	15
45	61	44		60	46			
50	69	49	8	68	51	7		
55	74	53		72	56			
60	80	58		78	61			

标记示例：
$d=50$ mm 的毡圈油封：
毡圈　50 JB/ZQ 4606—86

注：本标准适用于线速度 $v<5$ m/s。

表 20-10 型橡胶密封圈 (GB/3452.1—1992)

标记示例：40×3.55G GB 3452.1—92
内径 $d_1=40.0$ mm，截面直径 $d_2=3.55$ mm 通用 O 形圈

沟槽尺寸 (GB 3452.1—88)

d_2	$b^{+0.25}_{\ \ 0}$	$h^{+0.10}_{\ \ 0}$	d_3 偏差值	r_1	r_2
1.8	2.4	1.38	0 / −0.04	0.2 ~ 0.4	0.1 ~ 0.3
2.65	3.6	2.07	0 / −0.05	0.4 ~ 0.8	
3.55	4.8	2.74	0 / −0.06		
5.3	7.1	4.19	0 / −0.07	0.8 ~ 1.2	
7.0	9.5	5.67	0 / −0.09		

内径 d_1	极限偏差	截面直径 d_2 1.80 ±0.08	2.65 ±0.09	3.55 ±0.1	5.3 ±0.13	内径 d_1	极限偏差	1.80 ±0.08	2.65 ±0.09	3.55 ±0.1	5.3 ±0.13	内径 d_1	极限偏差	1.80 ±0.08	2.65 ±0.09	3.55 ±0.1	5.3 ±0.13
18	±0.22	*	*	*		46.2		*	*	*	*	92.5				*	*
19		*	*	*		47.5	±0.36	*	*	*	*	95			*	*	*
20		*	*	*		48.7		*	*	*	*	97.5				*	*
21.2		*	*	*		50		*	*	*	*	100			*	*	*
22.4		*	*	*		51.5			*	*	*	103	±0.65			*	*
23.6		*	*	*		53			*	*	*	106		*		*	*
25		*	*	*		54.5			*	*	*	109				*	*
25.8		*	*	*		56	±0.44		*	*	*	112		*		*	*
26.5		*	*	*		58			*	*	*	115				*	*
28		*	*	*		60			*	*	*	118				*	*
30			*	*		61.5			*	*	*	122			*	*	*
31.5			*	*		63			*	*	*	125		*		*	*
32.5			*	*		65				*	*	128				*	*
33.5			*	*		67			*	*	*	132		*		*	*
34.5			*	*		69				*	*	136				*	*
35.5	±0.3		*	*		71	±0.53			*	*	140		*		*	*
36.5			*	*		73				*	*	145	±0.90			*	*
37.5			*	*		75			*	*	*	150				*	*
38.5			*	*		77.5				*	*	155				*	*
40				*	*	80			*	*	*	166				*	*
41.2			*	*		82.5				*	*	165				*	*
42.5	±0.36		*	*	*	85	±0.65			*	*	170				*	*
43.7			*	*		87.5				*	*	175				*	*
45			*	*	*	90			*	8	*	180				*	*

注："*"指 GB 3452.1—92 规定的规格。

表 20-11 内包骨架旋转轴唇形密封圈（GB 13871—92）

mm

标记示例：FB 025052 GB 13871—92（带副唇的内包骨架型旋转轴唇型密封圈，$d_1 = 25$ mm，$D = 52$ mm）

d_1	D	b	d_1	D	b	d_1	D	b
6	16，22	7	25	40，47，52	7	55	72，(75)，80	8
7	22		28	40，47，52		60	80，85	
8	22，24		30	42，47，(50)		65	85，90	10
9	22		30	52		70	90，95	
10	22，25		32	45，47，52		75	95，100	
12	24，25，30		35	50，52，55	8	80	100，110	
15	26，30，35		38	52，58，62		85	110，120	12
16	30，(35)		40	55，(60)，62		90	(115)，120	
18	30，35		42	55，62		95	120	
20	35，40，(45)		45	62，65		100	125	
22	35，40，47		50	68，(70)，72		105	(130)	

注：1. 括弧内尺寸尽量不用。
2. 为便于拆卸密封圈，在壳体上应有 d_0 孔 3~4 个。

表 20-12 油沟式密封圈（JB/ZQ 4245—1986）

mm

轴径 d	25~80	>80~120	>120~180	油沟数 n
R	1.5	2	2.5	2~4 （使用3个较多）
t	4.5	6	7.5	
b	4	5	6	
d_1	$d+1$			
$a_{\min}$	$nt + R$			

注：表中尺寸 R、t、b，在个别情况下可用于与表中不相对应的轴径上。

21 减速器装配图参考图例

21.1 一级圆柱齿轮减速器

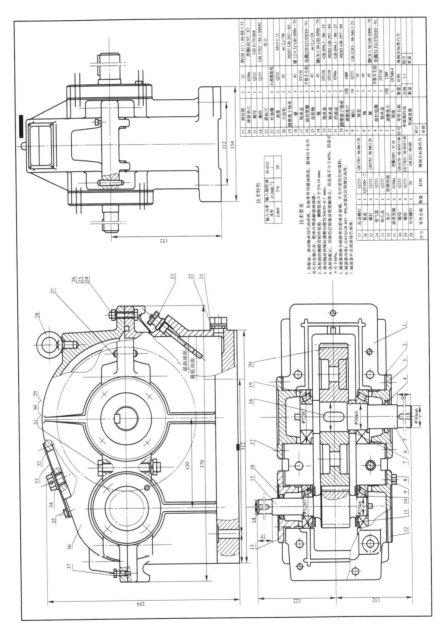

21.2 二级圆柱齿轮减速器

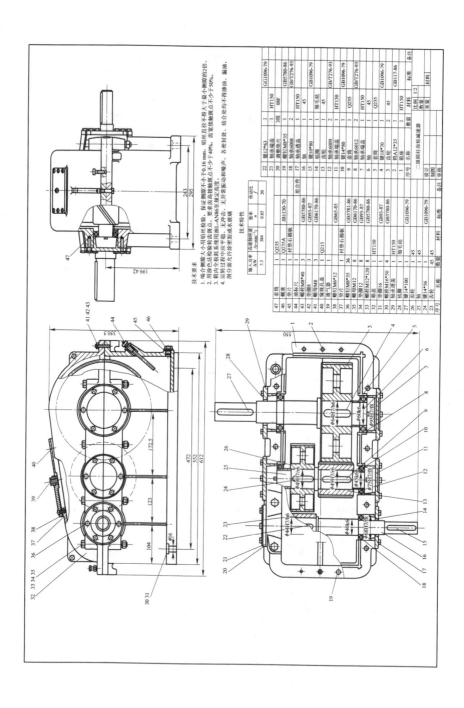

21.3 其他形式减速器

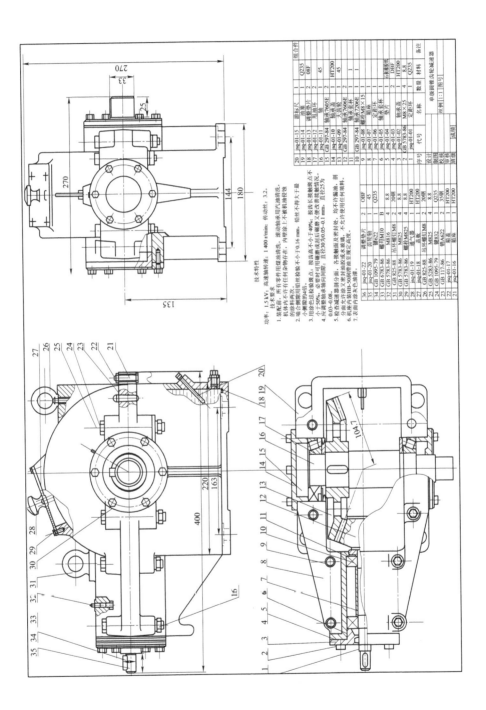

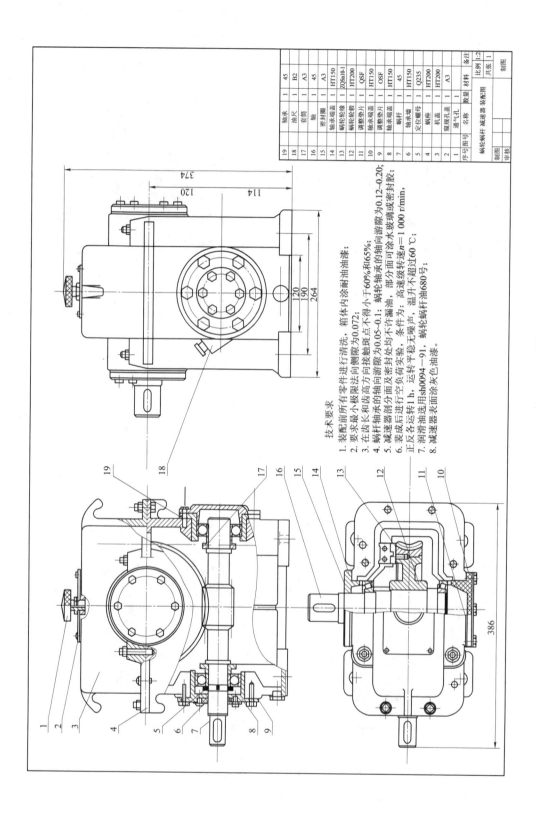

第四部分

减速器主要零件建模及应力分析

在用常规方法进行机械设计时，翻阅手册、用经验公式计算、手工绘图等，不仅花费大量的人力物力，而且不能迅速获得最优的设计结果。随着CAD技术的发展和生产实际的需要，使用三维工程设计软件实现零部件、整机的快速造型、虚拟装配、仿真分析以及优化设计已越来越普遍。本书通过构造单级齿轮减速器典型零件——低速轴及直齿轮的三维模型并对其进行应力分析的例子，初步介绍计算机辅助设计的方法。

22 减速器主要零件的参数化建模

目前，常用三维工程设计软件既有国外软件，如 CATIA、SolidWorks、UG、AutoCAD、Pro/Engineer 等，又有国内软件，如高华 cad、caxa-me 制造工程师等。本章采用 UG NX6.0 建模软件对零件进行参数化建模。UG NX 是美国 UGS 公司推出的集 CAD/CAE/CAM 为一体的高端 MCAD 软件，在航空航天、汽车、通用机械、工业设备、医疗器械的概念设计、工业设计、机械设计以及工程仿真和数字化制造等领域得到广泛的应用。

22.1 减速器低速轴的参数化建模

本节以带式运输机上的单级圆柱齿轮减速器设计为例，根据设计数据已初步计算确定低速轴的尺寸如图 22 – 1 所示。

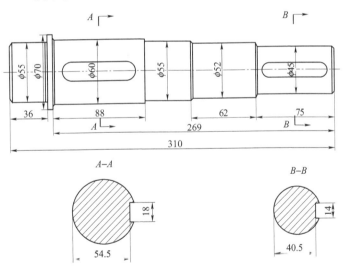

图 22 – 1 轴的尺寸

UG 环境下低速轴的三维造型的具体操作步骤如下。

（1）单击"文件"→"新建"，或者单击图标 ，出现"文件新建"对话框，在新文件名中输入文件名"zhou"，然后选择文件所放置的位置（注意必须是英文路径，例如：D:\jiansuqi），单击"确定"按钮，即可在 D 盘 jiansuqi 文件夹下建立文件名为"zhou.prt"的文件，在工具条上单击开始并进入到建模模块，如图 22 – 2 所示。

(2) 选择工具条"特征"→"圆柱体"按钮，或者单击"插入"→"设计特征"→"圆柱体"命令，默认 Z 轴作为轴矢量，原点为轴线指定点，布尔运算默认选"无"，设置圆柱体直径 55 mm，高度 36 mm，如图 22 – 3 所示。

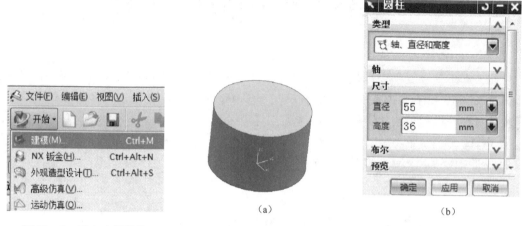

图 22 – 2 进入建模模块　　　　　　图 22 – 3 圆柱体命令参数设置

(3) 选择工具条"特征"→"凸台"按钮，或者单击"插入"→"设计特征"→"凸台"命令，选择上一步所做圆柱体上底面作为放置面，设置凸台参数直径 70 mm，高度 5 mm，单击"确定"→"点到点定位"→"确定"→"选择上一步圆柱体的底边圆"→"圆弧中心"→"确定"，过程如图 22 – 4 所示。

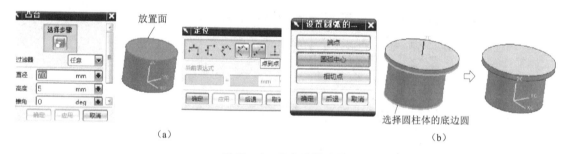

图 22 – 4 凸台建模过程

(4) 重复上一步的步骤，选择工具条"特征"→"凸台"按钮，或者单击"插入"→"设计特征"→"凸台"命令，做低速轴轴头、轴肩等部位，过程及参数如图 22 – 5 所示。

(5) 建立基准面。单击"插入"→"基准/点"→"基准平面"，或单击图标 系统弹出如图 22 – 6（a）所示的"基准平面"对话框。选择 XC – ZC 平面，输入距离"30"，然后单击"确定"，如图 22 – 6（b）所示。

(6) 建立键槽。

① 单击工具条"特征"→"键槽"图标，弹出如图 22 – 7 所示的"键槽"对话框，选择"矩形键槽"，单击"确定"按钮。系统弹出选择键槽放置平面的选项，选择如图 22 – 7 所示的平面放置键槽。

— 178 —

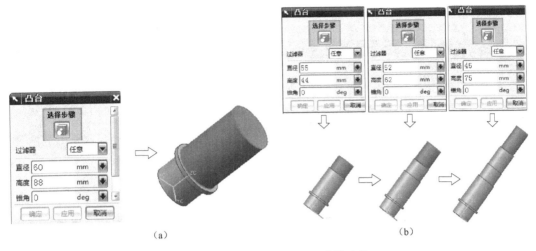

图 22-5 轴头、轴肩等部位建模过程

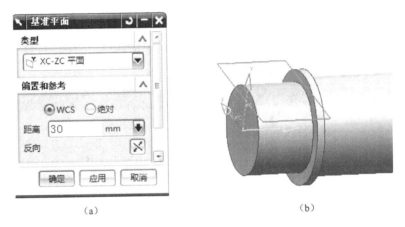

图 22-6 创建基础平面

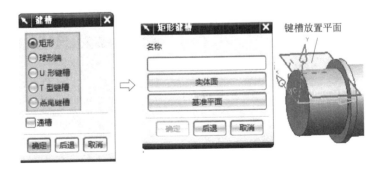

图 22-7 键槽放置平面

② 选中键槽放置平面后,弹出如图 22-8 所示的选择特征边对话框。选"接收默认边"。

③ 选择水平参照。系统弹出水平参考对话框,选择 Z 轴作为水平参考如图 22-9 所示。

图22-8　选择特征边对话框　　　　　图22-9　水平参考对话框

④设置键槽参数。弹出如图22-10所示的键槽参数对话框，设置键槽参数：长度"70"，宽度"18"，深度"5.5"。

⑤键槽的定位。在键槽参数对话框中单击"确定"按钮，弹出如图22-11所示键槽"定位"对话框。单击"线到线"按钮 ，选择Z轴为目标边，选择键槽中心线如图22-12所示的直线为工具边。再单击如图22-13的"垂直"按钮 ，选择如图22-14的X轴为目标边，键槽的另一条中心线为工具边。在弹出的"创建表达式"对话框中输入"85"，单击"确定"。得到键槽如图22-15所示。

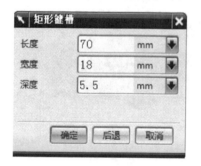
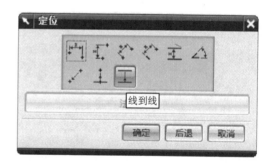

图22-10　键槽参数对话框　　　　　图22-11　键槽第一个定位对话框

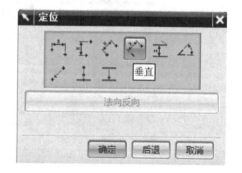

图22-12　选择工具边、目标边　　　　图22-13　键槽第二个定位对话框

（7）创建另一个键槽。与（4）步骤相同，设置键槽参数：长度"63"，宽度"14"，深度"4.5"，定位在连接联轴器的轴头的中心如图22-16所示。

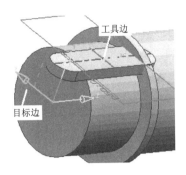

图 22 – 14　选择工具边、目标边

图 22 – 15　完成的第一个键槽

图 22 – 16　完成的第二个键槽

（8）隐藏参考。单击"格式"→"移动到图层"，弹出如图 22 – 17 所示的"类选择"对话框，选择前面创建的基准面和基准坐标，单击"确定"按钮，单击 61 层，单击"确定"按钮，如图 22 – 18 所示。单击"格式"→"图层设置"，将 61 层前面的勾去掉，单击"确定"按钮，如图 22 – 19，得到最终阶梯轴的完成图如图 22 – 20 所示。

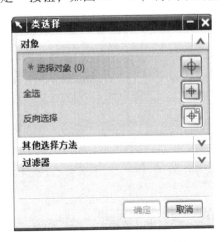

图 22 – 17　"类选择"对话框

图 22 – 18　图层移动

图 22-19 "图层设置"对话框

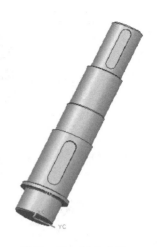

图 22-20 轴完成图

22.2 渐开线直齿轮的参数化建模

首先通过设计确定低速轴齿轮的齿数 z，模数 m，压力角 α，齿宽 b 的大小，已知齿轮的基本参数为：$z = 120$，$m = 3$，$\alpha = 20°$，$b = 90$。为便于造型，绘制齿轮结构尺寸草图如图 22-21 所示。

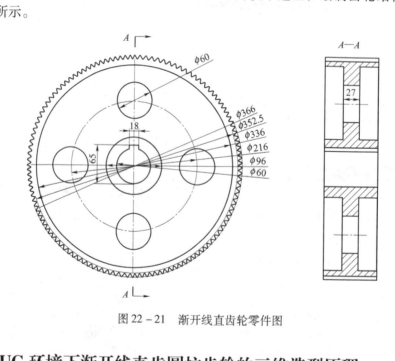

图 22-21 渐开线直齿轮零件图

22.2.1 UG 环境下渐开线直齿圆柱齿轮的三维造型原理

在 UG 环境下的齿轮建模方法有很多种，这里根据齿轮的有关参数生成齿轮的齿轮廓，再将齿轮廓自由拉伸成三维实体。UG 环境下渐开线齿轮建模的具体步骤如下。

（1）根据齿轮参数和渐开线方程构造齿轮的端面渐开线齿轮廓。
（2）将端面齿廓轴向拉伸出齿实体。
（3）按照齿根圆直径和齿轮厚度建立齿坯实体。
（4）使用布尔差操作求和得到齿轮实体。
（5）将生成的齿轮实体以齿坯轴线为中心按齿数进行圆周阵列，即得到该渐开线直齿轮的三维模型。

22.2.2 渐开线直齿圆柱齿轮的三维造型

端面渐开线曲线的具体绘制步骤如下。

（1）单击"文件"→"新建"，或者单击图标，出现"文件新建"对话框，在新文件名中输入文件名"chilun"，然后选择文件所放置的位置（注意必须是英文路径，例如：D:\jiansuqi），单击"确定"按钮，即可在 D 盘 jiansuqi 文件夹下建立文件名为"chilun.prt"的文件，在工具条上单击"开始"并进入到建模模块，如图 22-22 所示。

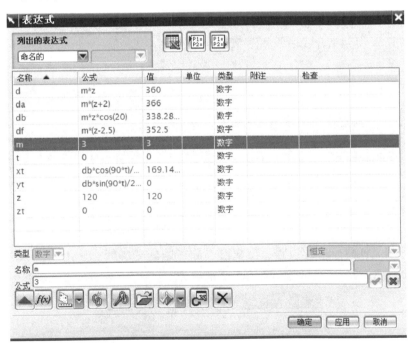

图 22-22 渐开线表达式

（2）选择菜单栏"工具"→"表达式"命令，弹出"表达式"对话框如图 22-22 所示，按表 22-1 内容输入表达式。

表 22-1 齿轮端面渐开线曲线表达式

t = 0	//UG 定义的变量
m = 3	//齿轮模数
z = 120	//齿轮齿数

续表

alpha = 20	//齿顶圆压力角
qita = 90 * t	//滚动角角度值
b = 90	//齿宽
da = (z + 2) * m	//da 齿顶圆直径
db = m * z * cos(alpha)	//db 基圆直径
df = (z - 2.5) * m	//df 齿根圆直径
s = 3.14 * db * t/4	//滚动角弧度值
xt = db * cos(qita)/2 + s * sin(qita)	//直角坐标横坐标
yt = db * sin(qita)/2 - s * cos(qita)	//直角坐标纵坐标
zt = 0	//直角坐标 Z 坐标
d = mz	//分度圆直径

（3）单击曲线工具条"规律函数"图标  或选择"插入"→"曲线"→"规律曲线"命令，弹出"规律函数"对话框如图22-23所示；首先选择 By Equation 弹出参数输入对话框；其次提示行提示输入参数表达式，按系统默认值 t，单击 ok；之后又弹出 x 表达式输入对话框，按系统默认值 xt 单击 ok。至此 x 已定义好。Y、Z 的定义与之相同，只是其表达式为 yt、zt。单击 ok 得到渐开线曲线如图22-24所示。

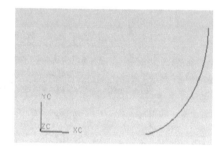

图22-23　"规律函数"对话框　　　　图22-24　渐开线曲线

（4）在草图上创建齿轮齿顶圆、齿根圆、分度圆的轮廓线。使用"插入"→"草图"命令，选择默认 X-Y 平面，如图22-25所示。

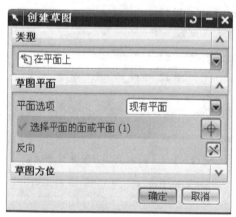

图22-25　创建草图 X-Y 平面

（5）选择工具条"草图工具"→"圆"命令，或者单击"插入"→"曲线"→"圆"，以坐标原点为中心，分别以 d_a（齿顶圆直径），d（分度圆直径），d_f（齿根圆直径）绘制圆曲线，如图 22-26 所示。

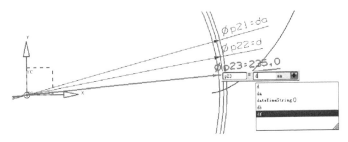

图 22-26　齿顶圆、分度圆、齿根圆曲线

（6）绘制第一条直线，第一点位于渐开线与分度圆的交点，第二点位于坐标原点上。绘制第二条直线，一端点位于坐标原点并与第一条直线成角度 $360/4z$，如图 22-27 所示。

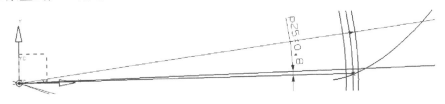

图 22-27　创建的两根直线

（7）完成草图，利用 Ctrl+T"变换"，将渐开线绕上一步绘制的第二根线镜像，结果如图 22-28 所示。

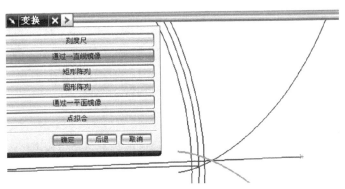

图 22-28　变换复制之后的曲线

（8）选择"插入"→"设计特征"→"拉伸"命令，或者单击成型特征工具条上的"拉伸"按钮，选择意图选择单个线段，并将"在相交处停止"打开，系统弹出"拉伸"对话框。选取前面绘制的齿廓截面，设置参数单击"确定"按钮，则生成单个齿，如图 22-29 所示。

（9）重复选择"拉伸"命令，选择意图选择单个线段，并将"在相交处停止"关闭，系统弹出"拉伸"对话框。选取齿根圆曲线，$b=90$ 为高度，绘制圆柱体如图 22-30 所示。再单击特征操作工具条上的"求和"按钮，将刚创建的轮齿和轮坯合并在一起。

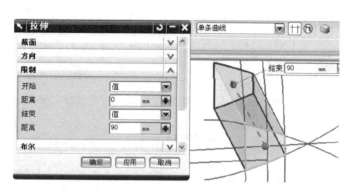 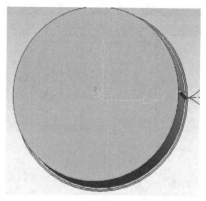

图 22-29　拉伸出的单个轮齿　　　　　图 22-30　齿根圆拉伸出的圆柱体

（10）选择"插入"→"关联复制"→"实例特征"命令，系统弹出"实例"对话框，单击"环行阵列"按钮，系统又弹出对话框，提示选取环行阵列对象。选取刚才创建的轮齿，设置阵列参数，单击"确定"按钮，系统弹出对话框，要求指定环行阵列中心线。选定 Z 轴为环行阵列中心线，单击"确定"按钮，则生成全部的轮齿，如图 22-31 所示。

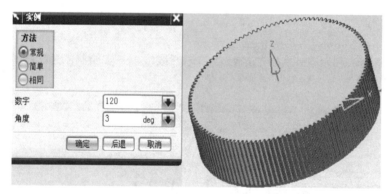

图 22-31　生成全部轮齿之后的齿轮

（11）单击成型特征工具条上的"孔"按钮，选择齿轮的圆心为圆心，设置好参数，孔直径 60 mm、深度 90 mm、尖角 0°、布尔运算选求差，既可得到齿轮轴孔。选择"拉伸"按钮，选择齿轮轴孔线，设置参数，距离从 0～31.5 mm、偏置选择两侧，开始 (96-60)/2 = 18 mm、结束 (336-60)/2 = 138 mm、布尔运算选求差，既可得到齿轮腹板一侧形状。在另一侧重复以上步骤，设置参数如图 22-32 所示。

（12）单击成型特征工具条上的"孔"命令，选择齿轮腹板面，确定孔圆心位置（0，216/2，0），设置参数孔直径 60 mm、深度 27 mm、尖角 0°、布尔运算选求差，既可得到齿轮腹板上的孔。再选择"实例特征"命令，单击"环行阵列"按钮，选取刚才创建的孔为环行阵列对象，设置阵列参数，个数 4 个，角度 90°，单击"确定"按钮，Z 轴为环行阵列中心线，单击"确定"按钮，则生成全部的孔，如图 22-33 所示。

减速器主要零件建模及应力分析 第四部分

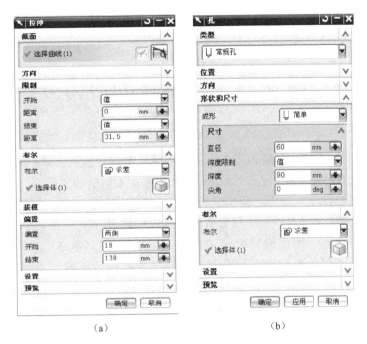

(a)　　　　　　　　(b)

图 22-32　腹板上孔命令参数设置

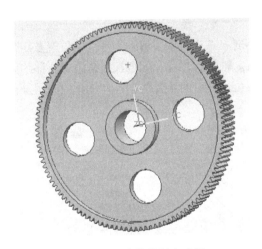

图 22-33　齿轮腹板完成图

23 减速器主要零件的应力分析

UG NX 作为 CAD/CAE/CAM 高度集成的大型通用 MCAD 软件,其 CAE 功能中包含有运动分析模块和有限元分析模块。运动仿真模块用于建立运动机构的模型,分析其运动规律。有限元分析模块可进行应力分析、频率分析、稳态热传导分析和热—结构分析等工作。UG NX 采用的有限元方法(FEM)是一种分析工程设计的数值方法,由于其通用性强,而且适于使用计算机进行计算,因此已被公认为标准的分析方法。UG NX 的有限元分析功能和 CAD 无缝集成,是专门针对设计工程师和用几何模型进行分析的专业分析人员而开发的。本章采用 UG NX6.0 进行应力分析。

23.1 轴的应力分析

在对轴进行有限元分析时,首先应该了解轴上零件的位置及定位方式,确定在何处添加边界条件,即载荷和位移约束。轴承的位置及配合长度是添加位移约束的重要数据,键槽的位置与尺寸大小也是添加载荷及位移约束的重要数据,其具体的应用操作见后续的操作步骤。

1. 轴的结构图(图 23-1)

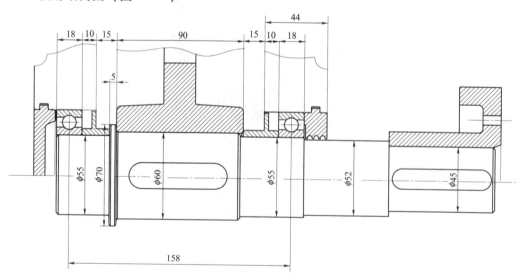

图 23-1 轴的结构尺寸

2. 基础数据

已知轴的各项动力参数如下:

输入转矩 $T = 516.1\ \text{N}\cdot\text{m}$

转速 $n = 71.7\ \text{r/min}$

输入功率 $P = 3.87\ \text{kW}$

已知轴的材料为 45 钢,弹性模量 $G = 2.06\text{e}5\text{MPa}$,密度为 $7.08\text{e}3\text{kg/m}^3$。

3. 有限元分析步骤

(1) 模型导入:从建模环境进入有限元分析工作环境:通过第 22 章已完成了轴的三维模型的建立,利用 UG 打开轴的三维模型图如图 23-2 所示,单击"开始"菜单按钮,选择"高级应用"→"设计仿真",如图 23-3 所示,把工作环境从建模环境进入到有限元分析工作环境。

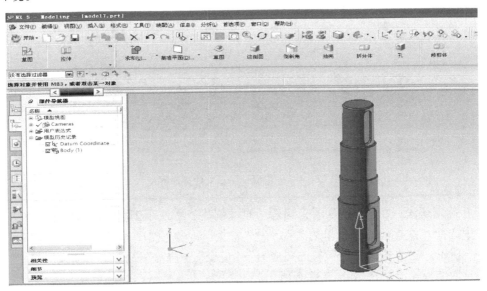

图 23-2 轴的三维模型

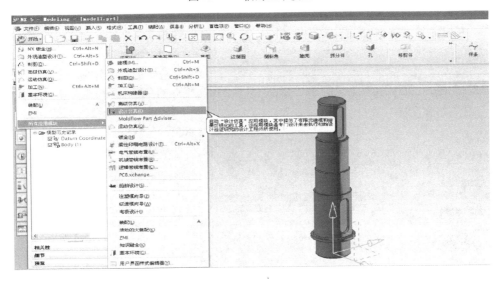

图 23-3 仿真设计界面

(2) 仿真文件建立:在进入有限元分析工作环境中,出现图 23-4 所示的界面,勾选

"创建优化部件"→"使用所有的体",单击"确定"按钮,创建设计仿真文件。

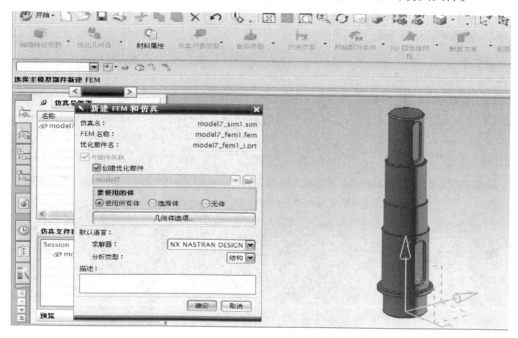

图 23-4　创建设计仿真文件操作界面

(3) 确定解法:在创建解法时,勾选"自动创建步骤或子工况",在"解算方案类型"选择栏中选择"线性静力学,单约束",在"常规"子选项中,勾选"迭代求解"项,如图 23-5 所示。在"选项"中,勾选"应力""应变""位移"3 个结果选项(可根据分析的需要选取结果输出项),如图 23-6 所示。

图 23-5　求解方案操作界面

图 23-6　结果输出选项界面

(4)填写材料属性：从工具栏中，单击材料属性 按钮，弹出如图23-7所示的材料属性填写界面。

在图23-7的材料属性选项卡中，在"名称"栏，给材料取一个名字（不能是中文名）；分别在"质量密度""杨氏模量""泊松比"填写栏中输入轴的材料属性（注意相应的单位）。填写完后，选取轴的三维模型，单击"应用"或"确定"按钮，关闭材料属性卡。

(5)添加载荷：添加静载荷前需进行载荷处理。轴是通过键槽的接触面来传递扭矩的，把扭矩转化为分布力，大小为75.19 N/mm²，添加在轴上的键槽侧面上。在齿轮配合处，因为齿轮传动轴所受的径向力 $F_r = 1\ 043.58$ N，转化为分布力 0.876 N/mm² 添加在键槽底面上。

单击"载荷类型"按钮，弹出如图23-8载荷类型选项卡，单击"分布力"按钮，弹出图23-8中选项卡，在三维实体模型图中，选定键槽底面，在"压力"填写栏中输入0.876，单击"应用"如图23-9所示，重复上述过程，选定键槽侧面，在"压力"填写栏中输入75.19，单击"确定"，如图23-10所示。

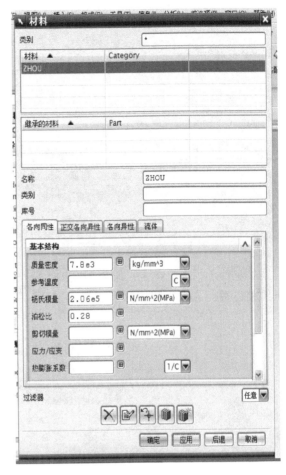

图23-7 材料属性

图23-8 载荷选项

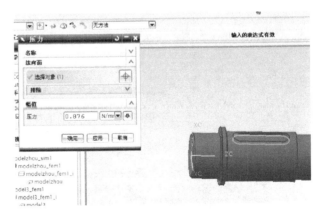

图23-9 加切向分布力效果图

(6)添加约束：轴承配合处添加圆柱约束，轴的端面添加简单支撑约束，联轴器部位键槽侧面添加简单支撑约束。添加轴承约束（轴与轴承配合处）：添加之前，对模型进行适当的处理，使圆柱约束的长度与轴承的宽度一致，如图 23-11 所示。

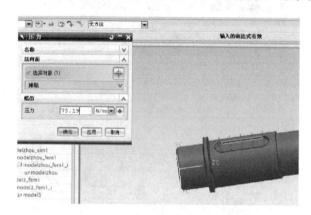

图 23-10 加载径向分布力效果图

图 23-11 轴承约束面的效果图

添加左轴承约束：单击三维模型左轴承位圆柱面，单击工具条"约束类型"命令按钮，弹出约束类型，选择"圆柱约束"命令按钮，弹出选项卡，把"轴向增长"选项栏的约束方向改为"自由"，如图 23-12 所示，最后单击"确定"按钮，约束效果如图 23-13 所示。

图 23-12 左端轴承约束选项

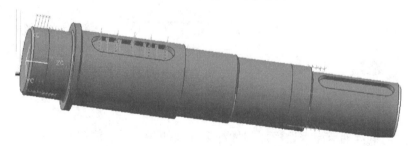

图 23-13 添加轴承约束效果图

添加右轴承约束：步骤与安装添加左轴承约束相似，先单击选取约束圆柱面，改写约束方向"分量"的类型，如图23-14所示，"轴向旋转""轴向增长"选项栏的约束方向改为"自由"。

添加键槽侧面约束：

单击工具条"约束类型"命令按钮，弹出约束类型，选择"简单约束支撑"命令按钮，弹出该命令的选项卡，如图23-15所示，单击"方向"选项当中的"指定矢量"自由判断按钮，然后选取三维模型轴小端部位的键槽侧面，结果如图23-16所示。

图23-14　右端轴承约束选项

图23-15　支撑约束选项

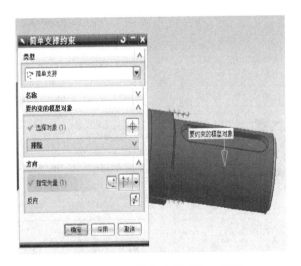
图23-16　键槽约束界面及效果图

（7）划分单元：单击工具条上的"3D四面体网格"按钮，选取要划分网格的轴，如图23-17所示，选取网格类型，类型有10节点和4节点的两种单元类型。

这里选取4节点，定义全局单元的尺寸，为了提高计算精度，选取10，最后单击"确定"按钮，得到图23-18所示的有限元模型。

（8）求解。单击工具条当中的"求解"按钮，弹出图23-19所示的求解选项卡，编辑求解器参数（设定求解器的计算环境），设置完后，单击"确定"按钮。

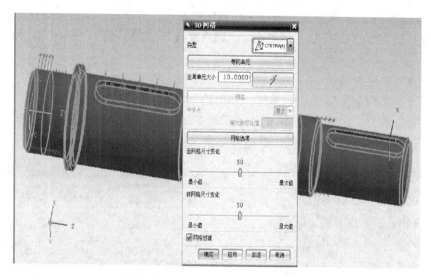

图 23-17 单元划分

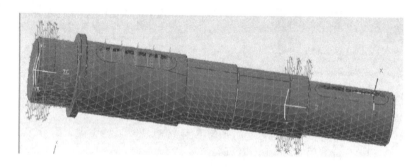

图 23-18 有限元分析模型

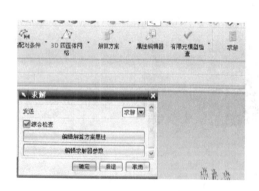

图 23-19 求解选项

（9）后续处理，查看分析结果。

进入后处理器，打开"solution"结果文件，查看所要的计算结果。

① 查看变形量：打开"displacement"选项，可以查看各个方向的变形及合变形，如图 23-20 所示。单击"magnitude"，显示轴的最大合位移，如图 23-20 所示。由图可知，轴的最大位移为 0.069 5 mm。

② 查看等效应力。

打开后处理文件，单击"stress-element-nodal"→"von-mises"得到等效应力。如图 23-21 所示，由应力云图可知，该轴的最大应力为 217.5 MPa，最大应力发生在轴直径最小处的键槽接触面。根据有限元分析理论可知，在该处的最大应力是由于单元精度及面力等效于节点力的因素造成的，在查看时，忽略该节点的最大等效应力。从云图当中可以看出，该处除最大应力节点外的应力为 93.5～114 MPa，与理想状态下计算得到的键槽接触面的最大应力 109.25 MPa 很接近，小于材料的许用压力 [120 MPa]；从云图当中可以看出该轴的等效应力值在 10 MPa 左右，小于该轴简化计算模型所得的等效应力 15.16 MPa，远小于材料的许用弯曲应力 [60 MPa]，满足强度要求。

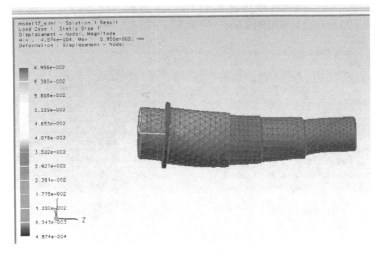

图 23-20　轴的变形云图

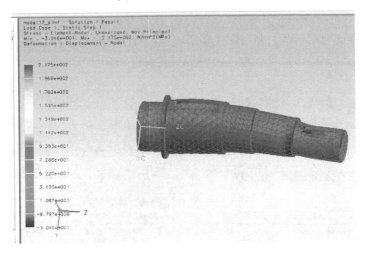

图 23-21　轴的等效应力云图

23.2　渐开线直齿轮应力分析

根据齿轮传动的特点，只有处于啮合状态的轮齿受到齿根弯曲应力，且该处应力远远大于齿轮其他位置的应力，为此在进行齿轮有限元分析时重点考察齿根处的综合应力值，既考虑了切向力对齿根处造成的弯曲应力，又考虑了径向力对齿根的影响。另外齿轮的尺寸比较大，但轮齿的高度值比较小，只有 6.5 mm，为了提高计算精度，需要对网格尺寸进行控制，齿根处的单元尺寸不能过大，否则影响分析结果的精确性。在进行有限元分析前还应对齿轮模型进行简化处理，即在不影响齿根受力分析的前提下，只选取整个齿轮模型的四分之一进行分析，可节省计算时间。

1. 模型处理

打开第 22 章建立的三维齿轮模型，如图 23-22 所示，用"修剪"命令把整个齿轮进行修剪，得到图 23-23 所示的模型图。

图 23-22　齿轮模型

图 23-23　修剪后的模型

2. 模型导入

按照轴的有限元分析流程，从 UG 建模环境进入有限元分析工作环境，创建有限元仿真文件。确定解法和结果输出选项，输入齿轮的材料属性。

3. 添加约束

单击三维模型与圆柱面与轴的配合面，单击工具条"约束类型"命令按钮，弹出约束类型选项卡，选择"圆柱约束"命令按钮，弹出圆柱约束选项卡，把各个方向的分量都设置为固定，如图 23-24 所示。最后单击"确定"按钮，得到图 23-25 所示图形。

图 23-24　添加约束选项

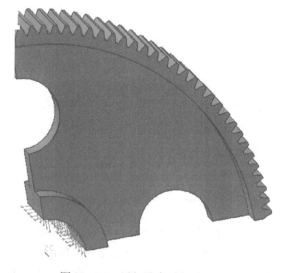

图 23-25　添加约束后的效果图

4. 添加载荷

添加载荷应该考实际工作状况，齿轮传动时，轮齿受到的载荷的主要有：沿着啮合线作用在齿面的法向载荷和啮合齿轮间的摩擦力。由于齿轮传动时均加有润滑油，摩擦力很小，在做分析时不予考虑，只考虑轮齿的法向载荷。通常情况下，齿轮在受载时，齿根所受的弯矩最大，因此该处的弯曲强度最弱，齿根所受的最大弯矩发生在轮齿啮合点位于单对齿啮合区最高点（不在齿顶处）时，为此在进行分析时，把整个载荷加载在一个轮齿上，且按照最危险情况进行分析，把轮齿所受的法向载荷添加在齿顶处，为了添加方便，把法向载荷分解为径向力和切向力，加载在轮齿的顶部。

添加径向力：单击工具条上的"载荷类型"，选中添加集中力载荷选项，弹出如图 23 – 26 所示的力载荷选项卡，在"类型"选项栏中，选用"幅值和方向"选项，单击"选择对象"，选中轮齿齿顶线，输入力的大小为 1 043.58 N，确定力的加载方向。径向力的方向在轴对称平面内通过轮心，与轴线垂直，为此单击指定矢量选项当中的按钮，构造矢量，弹出图 23 – 27 所示的"矢量"构造选项卡。

图 23 – 26　添加载荷选项

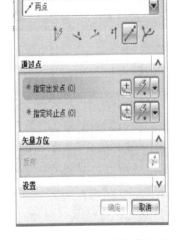

图 23 – 27　载荷方向操作选项

在"类型"选项栏中，选择两点型，通过终点（齿顶线的中点）、始点（轮变轴线中点），最后确定、构造出力的加载方向，如图 23 – 28 所示。

加载切向力：加载步骤与加载径向力类似，但加载方向与径向力的方向不同，切向力垂直于齿轮的半径，在轴对称平面内通过轮心，与轴线垂直需要构造力的加载方向，为此单击指定矢量选项当中的按钮，弹出图 23 – 29 所示的"矢量"构造选项卡，在"类型"选项栏中，选择在曲线矢量型，选取齿顶端面的一段曲线，位置在圆弧长为 0 mm 处。最后确定，得到如图 23 – 30 的加载模型图。

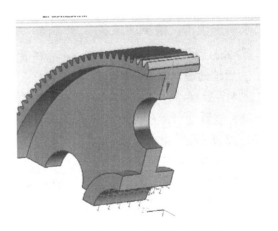

图 23 – 28　径向载荷添加效果图

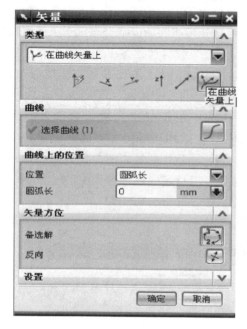

图 23-29 切向载荷构造选项

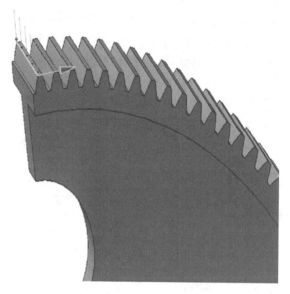

图 23-30 载荷添加效果图

5. 划分单元

单击工具条上的"3D 四面体网格"按钮，选取要划分网格的轴，选取网格类型，类型有 10 节点和 4 节点的两种单元类型，这里选取 4 节点，定义全局单元的尺寸，为了提高计算精度，选取尺寸 5，最后单击"确定"按钮，得到图 23-31 所示的有限元模型。

6. 求解

单击工具条当中的"求解"按钮，弹出求解选项卡，编辑求解器参数（设定求解器的计算环境），设置完后，单击"确定"按钮。

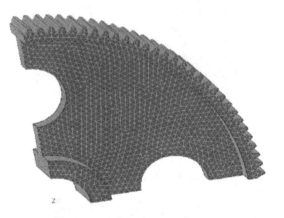

图 23-31 齿轮有限元分析模型

7. 后续处理，查看分析结果

进入后处理器，打开"solution"结果文件，查看所要的计算结果。

（1）查看变形量：打开"displacement"选项，可以查看各个方向的变形及合变形，如图 23-32 所示，单击"magnitude"，显示轴的最大合位移，如图 23-33 所示。

（2）查看等效应力。

通常情况下，检查等效应力（一般是利用材料力学当中的第四强度理论计算得到的）。由于在加载的位置有很大的应力集中，在查看应力时，当最大应力出现在加载位置时，一般要忽略该处的最大应力（其原因是在进行有限元计算时，把分布力转换为节点力，当单元尺寸比较大时，在添加载荷处会出现较大的节点力）。对于齿轮，最大弯曲应力出现在齿根部，我们只需查看该处的最大应力是否满足材料的许用应力即可。由图 23-33 可知，应力云图当中的最大等效应力为 63.9 MPa，出现在加载位置，而齿根处的最大等效应力在 20～30 MPa。应力值远小于齿轮材料的极限应力 410 MPa，满足齿轮工作的强度条件。

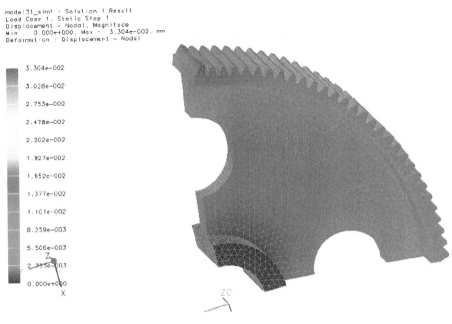

图 23-32　齿轮变形云图

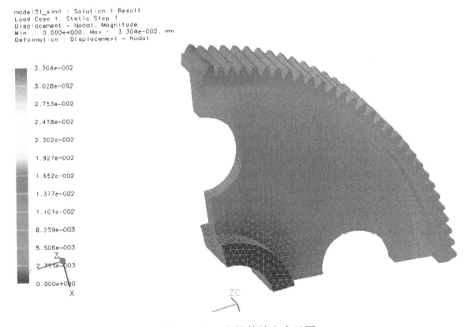

图 23-33　齿轮等效应力云图

附录 机械设计实践选题

1 带式运输机传动装置设计

1.1 设计题目

设计带式运输机上的单级圆柱齿轮减速器（任务 1 图）。

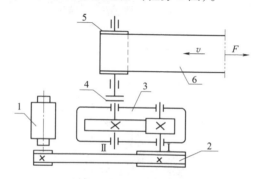

任务 1 图 带式运输机传动装置设计参考图
1—电动机；2—V 带传动；3—单级圆柱齿轮减速器；
4—联轴器；5—卷筒；6—运输带

1.2 工作条件

（1）连续单向运转，载荷有轻微振动，室外工作，有粉尘。
（2）运输带速度允许误差 ±5%。
（3）两班制工作，3 年大修，使用期 10 年。
（4）生产 15 台，中等规模机械厂，可加工 7~8 级精度齿轮。

1.3 原始技术数据

数据编号	A1	A2	A3	A4	A5	A6
运输带工作拉力 F/N	1 600	1 800	2 000	2 200	2 500	3 000
运输带工作速度 v/(m·s^{-1})	1.5	1.2	1.5	1.5	1.5	1.1
卷筒直径 D/mm	220	240	250	280	300	240

— 200 —

1.4 设计任务

(1) 设计传动装置,完成主要传动装置的装配图一张。

(2) 零件工作图两张。

(3) 设计说明书一份。

2　卷扬机传动装置设计

2.1　设计题目

设计一卷扬机的传动装置（任务2图）。

任务2图　卷扬机设计参考图

2.2　工作条件

（1）用于建筑工地提升物料，空载启动，连续运转，三班制工作，工作平稳。

（2）工作期限为10年，每年工作300天，三班制工作，每班工作4小时，检修期间隔为3年。

（3）小批量生产，无铸钢设备。

2.3　原始技术数据

卷扬机绳牵引力 $F(N)$、绳牵引速度 $v(m/s)$ 及卷筒直径 $D(mm)$ 见下表。

牵引力 F/N	12	10	8	7
牵引速度 $v/(m \cdot s^{-1})$	0.3, 0.4	0.3, 0.4, 0.5, 0.6		
卷筒直径 D/mm	470, 500	420, 430, 450, 470, 500	430, 450, 500	440, 460, 480

2.4　设计任务

（1）完成卷扬机总体方案的设计和论证，绘制总体设计原理方案图。

（2）完成卷扬机主要传动装置结构设计。

（3）减速器装配图一张。

（4）零件工作图两张。

（5）设计说明书一份。

3 简易卧式铣床传动装置设计

3.1 设计题目

设计用于简易卧式铣床的传动装置（任务3图）。

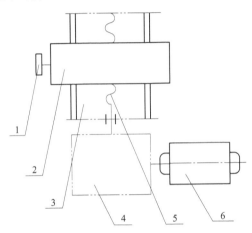

任务3图 简易卧式铣床传动装置
1—铣刀；2—动力头；3—导轨；4—传动装置；
5—丝杠；6—电动机

3.2 工作条件

（1）室内工作，动力源为三相交流电动机，电动机双向运转，载荷较平稳，间歇工作。
（2）设计寿命为12 000 h，每年工作300天；检修期间隔为3年。
（3）中等规模的机械厂，可加工7、8级精度的齿轮、蜗轮。

3.3 原始技术数据

丝杠直径 ϕ50 mm，丝杠转矩 $T = 500$ N·m，转速 $n = 20$ r/min。

3.4 设计任务

（1）确定传动方案，完成总体方案论证报告。
（2）完成用于简易卧式铣床的主要传动装置结构设计。
（3）减速器装配图一张。
（4）零件工作图两张。
（5）设计说明书一份。

4 高架灯提升传动装置设计

4.1 设计题目

设计高架灯提升装置传动装置（任务 4 图）。

任务 4 图　高架灯提升装置参考图

4.2 工作条件及设计要求

（1）题目简述：在高速公路、立交桥等地方都需要安装照明灯，这些灯具的尺寸大、安装高度高，在对路灯进行维修时需要专门的提升设备——路灯提升装置。该装置一般安装在灯杆内，尺寸受到灯杆直径的限制，动力通过减速装置传给工作机——卷筒，卷筒上装有钢丝绳，卷筒的容绳量与提升的高度相匹配。

（2）工作条件：载荷平稳，间歇工作。

（3）生产批量及加工条件生产 10 台，无铸钢设备。

（4）设计要求。

本提升装置用在城市高架路灯的提升。卷筒上钢丝绳直径为 11 mm，电动机水平放置，且采用正、反转按钮控制方式。工作时，要求安全、可靠，提升装置应保证静载时机械自锁，并有力矩限制器和电磁制动器。设备调整、安装方便，结构紧凑，造价低。

4.3 原始技术数据

数据编号	1	2	3	4
提升力/N	5 000	6 000	8 000	10 000
容绳量/m	40	50	65	80
安装尺寸/mm	270×450	280×460	290×470	300×480
电动机功率不大于/kW	1.1	1.5	2.2	3

4.4 设计任务

（1）绘制提升装置原理方案图。

（2）完成传动部分的装配图一张。

（3）零件工作图两张。

（4）设计说明书一份。

5 搅拌机传动装置的设计

5.1 设计题目

设计搅拌机的传动装置（任务 5 图）。

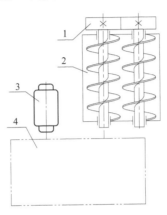

任务 5 图　搅拌机设计参考图
1—开式齿轮传动；2—搅拌机；
3—电动机；4—传动装置

5.2 工作条件

（1）单班制工作，空载启动，单向、连续运转，载荷平稳，工作环境灰尘较大。
（2）工作期限为 8 年。
（3）小批量生产。

5.3 原始技术数据

传动装置输出转矩：$T = 25.6\text{ N}\cdot\text{m}$
传动装置输出转速：$n = 200\text{ r/min}$

5.4 设计任务

（1）设计总体传动方案，画总体机构简图，完成总体方案论证报告。
（2）设计传动装置，完成传动装置的装配图一张。
（3）零件工作图两张。
（4）设计说明书一份。

6 简易拉床传动装置的设计

6.1 设计题目

设计拉削花键孔的简易拉床的传动装置（任务 6 图）。

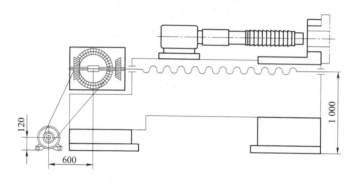

任务 6 图　简易拉床设计参考图

6.2 工作条件

（1）两班制工作，连续运转，载荷平稳。
（2）工作期限为 5 年。
（3）小批量生产。

6.3 原始技术数据

工作时拉刀切削力：$F = 14\,400$ N
拉削速度：$v = 5.42$ m/min
丝杠螺距：$p = 12$ mm

6.4 设计任务

（1）设计总体传动方案，画总体机构简图，完成总体方案论证报告。
（2）设计主要传动装置，完成主要传动装置的装配图一张。
（3）零件工作图两张。
（4）设计说明书一份。

7 加热炉装料机的设计

7.1 设计题目

设计加热炉装料机传动装置（任务7图）。

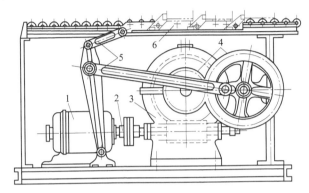

任务7图 加热炉装料机设计参考图
1—电动机；2—联轴器；3—蜗杆副；4—齿轮；5—连杆；6—装料推板

7.2 工作条件

（1）题目简述：该机器用于向加热炉内送料。装料机由电动机驱动，通过传动装置使装料机推杆做往复移动，将物料送入加热炉内。

（2）使用状况：室内工作，需要5台，动力源为三相交流电动机，电动机单向转动，载荷较平稳，转速误差<4%；使用期限为10年，每年工作250天，每天工作16小时，大修期为3年。

（3）生产状况：中等规模机械厂，可加工7、8级精度的齿轮、蜗轮。

7.3 原始技术数据

已知参数：推杆行程200 mm。

参数名称	各方案参数值							
电动机所需功率/kW	2	2.5	2.8	3	3.4	3.9	4.5	5.1	6
推杆工作周期/s	4.3	3.7	3.3	3	2.7	2.5	2.3	2.1	2

7.4 设计任务

（1）设计总体传动方案，画总体机构简图，完成总体方案论证报告。

（2）设计主要传动装置，完成主要传动装置的装配图。

（3）设计主要零件，完成两张零件工作图。

（4）编写设计说明书。

8 爬式加料机传动装置的设计

8.1 设计题目

设计用于爬式加料机的传动装置（任务8图）。

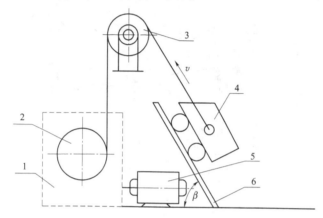

任务8图 爬式加料机设计参考图

1—传动装置；2—卷扬机；3—滑轮；4—小车；5—电动机；6—导轨（$\beta=60°$）

8.2 工作条件

（1）单班制工作，间歇运转，工作中有轻微振动，工作环境有较大灰尘。
（2）工作期限为5年。
（3）小批量生产。可加工7、8级精度的齿轮、蜗轮。

8.3 原始技术数据

数据编号	1	2	3	4	5
装料量/N	3 000	3 500	4 000	4 500	5 000
速度/（m·s^{-1}）	0.4	0.4	0.4	0.4	0.4
轨距/mm	662	662	662	662	662
轮距/mm	500	500	500	500	500

8.4 设计任务

（1）确定传动方案，完成总体方案论证报告。
（2）设计传动装置，完成传动装置的装配图一张。
（3）零件工作图两张。
（4）设计说明书一份。

参 考 文 献

[1] 王之栎,王大康. 机械设计综合课程设计(第 2 版)[M]. 北京:机械工业出版社,2010.
[2] 吴宗泽. 机械设计教程[M]. 北京:机械工业出版社,2003.
[3] 汤慧谨. 机械零件课程设计[M]. 北京:高等教育出版社,1996.
[4] 陈长生. 机械基础综合实训. 北京:机械工业出版社,2011.
[5] 孙岩,陈晓罗. 机械设计课程设计[M]. 北京:北京理工大学出版社,2008.
[6] 韩莉,邓杰. 机械设计课程设计(第 2 版)[M]. 重庆:重庆大学出版社,2008.
[7] 万苏文. 机械设计基础课程设计与实验指导书[M]. 重庆:重庆大学出版社,2009.
[8] 陈亚琴,孟梓琴. 机械设计基础实验教程[M]. 北京:北京理工大学出版社,2003.
[9] 杨可桢,程光蕴,李仲生. 机械设计基础(第 5 版)[M]. 北京:高等教育出版社,2006.
[10] 濮良贵,纪名刚. 机械设计(第 8 版)[M]. 北京:高等教育出版社,2006.
[11] 徐灏. 机械设计手册(第 2 版)[M]. 北京:机械工业出版社,2003.
[12] 程光蕴,等. 机械设计基础学习指导书[M]. 高等教育出版社,2004.
[13] 陈立德. 机械设计基础[M]. 北京:高等教育出版社,2004.
[14] 藏起勋. 机械零件结构工艺性 300 例(第 1 版)[M]. 北京:机械工业出版社,2004.
[15] 陈铁鸣. 机械设计(第 3 版)[M]. 哈尔滨:哈尔滨工业大学出版社,2003.
[16] 吕仲文. 机械创新设计(第 1 版)[M]. 北京:机械工业出版社,2004.
[17] 钟毅芳. 机械设计原理与方法(第 1 版)[M]. 武汉:华中科技大学出版社,2002.
[18] 王中发. 实用机械设计[M]. 北京:北京理工大学出版社,1998.
[19] 孟玲琴,王志伟. 机械设计基础课程设计(第 2 版)[M]. 北京:北京理工大学出版社,2009.